情商高，就是把情绪控制好

如何有效地管控情绪

于一鲁◎著

HIGH EQ IS ABOUT
CONTROLLING YOUR EMOTIONS

EQ

贵州出版集团
贵州人民出版社

图书在版编目（CIP）数据

情商高，就是把情绪控制好 / 于一鲁著．—2 版．
—贵阳：贵州人民出版社，2019.9
ISBN 978-7-221-15468-2

Ⅰ．①情… Ⅱ．①于… Ⅲ．①情绪—自我控制—通俗读物 Ⅳ．① B842.6-49

中国版本图书馆 CIP 数据核字（2019）第 176571 号

情商高，就是把情绪控制好

于一鲁 著

总 策 划 陈继光
责任编辑 唐 博
装帧设计 末末美书
出版发行 贵州人民出版社（贵阳市观山湖区会展东路 SOHO 办公区 A 座，邮编：550081）
印 刷 环球东方（北京）印务有限公司（北京市丰台区莱户营西街 235 号，邮编：100054）
开 本 880 毫米 ×1230 毫米 1 / 32
字 数 160 千字
印 张 8
版 次 2019 年 9 月第 2 版
印 次 2019 年 9 月第 3 次印刷
书 号 ISBN 978-7-221-15468-2
定 价 42.00 元

前言

情绪是人们的一种正常心理反应。人们每一天都会有不同的情绪，甚至每一天不同时间段的情绪也会不同。不过，可能很多人都不够了解情绪，也不知道该如何控制和调节自己的情绪。人们经常会说："要注意控制好自己的情绪。"但情绪究竟是什么？情绪为什么要控制？情绪应该如何控制？人们对这些问题可能并没有认真思考过。

那么情绪究竟是什么呢？情绪从外在表现上来看，包含了喜、怒、哀、乐等形式，但是从本质上来说，它其实就是一种心理能量。按照心理学家的说法，情绪本质上不过是频率与波长不同的一种振动。这种震动有时候很快，有时候很慢；有时候会很强烈，有时候又很柔和；有时候有规律地振动，有时候完全不遵守任何规则。还经常会在两个极端之间来回波动。在外界的刺激下，身体内的这些能量波动会在神经系统的作用下形成情绪。其中，每一种不同的震动、不同的能量波动，都代表了不同的情绪表达。

早在几千年前，人们就意识到了情绪这种能量的存在。比如：印度人认为人有七个基本组成部分，分别是肉体、性灵体、生命力、本能思维、智力思维、精神思想、心灵。其中情绪能量就包含在本能思维中，而在这七个组成部分中，本能思维位于最中间的位置，刚好是身、心、灵的交叉点。所以，心理学家认为情绪是一种治愈身体和心灵的能力。

情绪作为一种能量，必定也遵守能量守恒定律。简单来说，情绪的能量只会相互转化，而不会消失。许多人可能会感到疑惑，为什么我们一开始很生气，但在调节后，负面情绪就消失了？为什么我们有时候很开心，但因为发生了一些不好的事情，愉悦感便迅速消退，这些情绪是消失不见了吗？

表面上来看，情绪是消失了。但从内部的能量形式来看，情绪能量只是发生了转化，或是被寄存了起来。转化指的就是喜、怒、哀、乐之间的相互转化，乐极生悲就是一种情绪转化。一个人太开心了，容易因为一些意外的发生而产生悲伤感。这种悲伤的能量往往是由快乐的能量转化来的，而能量寄存则是指那些情绪能量会通过体内的神经缩氨酸传递到身体细胞。这种传递包含了传达每个念头、每种情绪，就连思想、记忆也是以这种方式进行传递的。在经过传递之后，情绪的相关信息就储存在所有的细胞中，最终形成了“细胞记忆”。

好的情绪往往会带来好的细胞记忆，而一些不好的情绪如果不能得到妥善处理，就会产生大量毒素，并且传递到身体的各个部位和器官。比如，长期焦虑的人，容易出现胃溃疡和胃炎；长期动怒的人，肝脏功能会受到影响，容易患上心脏病和恶性肿瘤；生活在恐惧之中的人，肾脏容易出现问题。

世界知名疗愈大师露易丝·海在《生命的重建》一书中说过："批判、愤怒、排斥，是致病最大的原因。"为此，她还专门整理过一个情绪与疾病的对应表，清晰地指出情绪对身体健康的影响：

——经常莫名其妙咳嗽的人往往生活在紧张、恼怒、批判、压抑之中；

——经常腹泻的人，可能是因为一直有害怕与排斥的情绪；

——身体浮肿的人通常会对某种事物念念不忘，忧虑过度；

——身材肥胖的患者往往缺乏足够的安全感，具有比较明显的自我排斥或自我保护意识，平时会觉得内心空虚；

——贫血的患者往往生活乏味单调，没有太多的兴趣；

——有支气管炎的患者往往生活在一个群情激昂

的家庭氛围中；

——经常手痛的患者往往比较保守，拿不起也放不下；

——经常腿痛的患者对未来生活非常恐惧，害怕往前看，喜欢活在过往的记忆中；

——有更年期综合征的患者非常害怕自己不再被需要，害怕变老，因此会出现自我排斥，自我贬低的情况；

——癌症患者，通常是长久生活在忧伤和愤怒之中；

……

正因为如此，人们需要对自己的情绪进行合理控制。而情绪控制不是简单的不笑不哭，或不生气，也不是压制和委曲求全，它体现的更多是一种情商。1990年，美国心理学家约翰·梅耶和彼得·沙洛维首次提出了“情商”的概念，当时并没有引起足够的重视。人们并没有意识到自己一些高效的日常行为模式中究竟隐藏着什么魔力，或者说这种魔力究竟源于什么。直到美国哈佛大学教授丹尼尔·戈尔曼出版了《情商：为什么情商比智商更重要》一书，人们才恍然大悟，明白了个人言行举止背后的支配性力量。此时，越来越多的人开始了解和接受“情商”。

作为一个全新的概念，许多人并不太明白情商究竟是什么，是单纯的与人相处之道，还是一种理性的、和谐的思维模式和行为模式呢？对此，戈尔曼在书中做了明确的解释。他认为，情商是“一种辨识自身能力和他人情感的能力，一种自我激发的能力，也是一种管理自身情感和人际情感的能力”。从现实生活中的社交来看，情商就是一种控制和引导情绪的能力。

情商高的人往往具有良好的社交能力，他们懂得如何借助社交手段来打造良好的人际关系；懂得如何在不伤害他人的前提下体面地表达自己的立场和观点；懂得如何打造一个社交双赢的局面。而这一切都需要从良好的情绪控制开始，因为人与人之间的社会联结与合作意愿，无法全部掩盖掉彼此间的不同。每个人的生活背景、兴趣爱好、性格特点、知识水平、社会地位、生活习惯、人生目标、思想水平、价值观念都不同，因此，任何两个人之间都存在天然的摩擦。这些摩擦和分歧如果处理不当，就容易成为引起冲突的导火索。而良好的情绪控制能力则是避免双方将矛盾扩大和激化的重要保障。

高情商的人往往善于观察他人，观察他人的语言和信息传递系统，而这本身就包含了一部分互动的内容，即人们需要对他人的行为表现做出回应。心理学家认为，人与人之间常常会通过传递具有象征性的符号产生相互作用和相互影响，而任何具有象征意义的符号都可以用于交流，可以对他人行为倾向进行预测和估计，这就是著名的“象征性互动理论”。

美国学者乔治·赫伯特·米德选取了“姿势”这一概念来论述象征性互动理论，在他看来：“有意识的相互作用就是象征性互动，它是一种手势（姿势）的交换，这种交换是同语言相联系的，并且对于对方具有同一含义。”在相互作用的过程中，人们注意维护自己的个人形象，并且重视对他人的行为做出合理的反应。情商本身就符合这种互动的需求和表现，因此高情商成了人际关系中一个非常重要的因子。

心理学家认为，面对同样一件事或者同样一种状况，不同的人有不同的情绪表现和心理反应。而这些不同的情绪反应实际上表明情绪是一种抉择。《情绪心理学》一书中曾谈到了这样一个观点：“心理学情绪理论认为：情绪、情感产生的源泉是客观现实。但是，情绪、情感又不是客观现实直接、机械的反映。客观事物对人的作用必须通过人的认知过程，而人的认知过程受已有知识经验的制约，并与人的态度或愿望相结合。当事件符合人的认识和愿望的系统时，就产生肯定的情绪；当出现的事件非己所愿，就容易产生否定的情绪。因此，认知在情绪、情感的产生中起着中介作用。”

情绪是一种选择，是一种认知过程。这恰恰证实了情绪是可以控制的，情商就是控制情绪的重要因素。不过，想要做到高情商并不容易，它不是与生俱来的，要依靠后天的培养和锻炼。那么如何才能让自己表现出高情商的一面呢？如何才能让自己在情绪掌控方面表现出更高级的水准呢？本书就针对高情商和情绪控制之间的问题进行分析，从个人的情感成熟度、善意、幽默、示弱、定位、爱的表达等方面进行拓展，构建出了比较完整的情商模型和高情商行为模式。整体而言，整个知识架构还是比较完善的，相关的知识点也在深度上得到了保障。

本书由理论联系实际，将丰富的案例与理论知识结合起来，有效地强化了知识点的学习。为了让读者更好地消化相关的内容，本书的文字相对来说比较直白，通俗易懂，没有太多晦涩难懂的术语，有效降低了阅读、理解和消化的难度，因此非常适合大众读者阅读。

目 录

第一章 何谓高情商

第二章 高情商者的特质

第三章　保持善意，打造良好的社交形象

第四章　善用幽默提升情绪热度

第五章　适当放低姿态是化解冲突的关键

第六章　合理定位，控制情绪表达

第七章　警惕以爱为名的情绪勒索

第八章　成为一个高情商的人

第一章
何谓高情商

情 商 高 ， 就 是 把 情 绪 控 制 好

一、不可避免的负面情绪

有人认为这是一个“以和为贵”的时代。随着社会的发展和进步，一个人往往难以解决所有的问题。社会分工使人际交往越来越密切，在共同的利益需求和相互补充的合作体制下，人们并不会轻易与他人发生激烈冲突。因此，人与人之间的联系正在加强，相互之间的协作也得到了强化。这就使得人们不得不更多地考虑通过合作而非竞争的方式来达到进步和发展的目的，通过相互协作来提升自己的工作效率。从这一个角度来说，人们必须要处理好人际关系，强化彼此之间的交流，确保彼此之间可以达成更多的一致。

事实上，整个社会的和谐程度的确正在增强。人与人之间的争执、情绪失控现象相比以前已经有了很大的改善。美国有一位社会学家把20世纪30年代的纽约地铁氛围和现在的地铁氛围进行对比，发现打架事件发生的概率越来越小，人们的乘车行为越来越文明。在其他方面也是如此，工作中的争吵现象越来越少，竞争对手之间也不像过去一样容易爆发激烈的冲突，人们似乎意识到自我克制与相互之间保持和谐的一些优势。正如一些史学家所说的那样：“在中世纪，做慈善是一件无法想象的事，而今天遍地都是，人们都懂得帮助他人是一种美德。”

但在日常生活中，分歧和冲突还是难免会出现的。那么在面对分歧、过失、误解、竞争、对抗等情况时，人们是否会情绪失控？是否会表现出强烈的不满、攻击性？或进行激烈的对抗？我们可以扪心自问一下，自己是否因为别人的一些小过失而生气？是否曾因他人的攻击性行为而动怒？

——“我不清楚为什么马路这么宽，他非得往我身上撞，这让人很难容忍。”

——“这件事我已经在会议上强调过了，我认为这已经无可辩驳了，没想到今天举手表决时，他投了反对票。”

——“这件事一定是谁做错了，不是我，就是你，不会再有第三个人了，那么你觉得会是我吗？”

——“很难想象你会做出这样的事情，我不知道有谁还会犯下这样低级的错误。”

——“我不明白你在说些什么，难道我之前的立场还不够明确吗？”

——“如果有人打算用这件事要挟我，那他的如意算盘就打错了，我会告诉他什么叫反击的。”

——“这件事情太糟糕了，为什么会这样，为什么？”

——“发生这样的事情我很意外，事实上，我不知道该说些什么，现在我什么也说不了，什么也不想说。”

……

生活中总是免不了会出现一些摩擦，无论是陌生人之间、同事之间、朋友之间、竞争对手之间、还是家人之间，都会出现一些分歧和矛盾。而这些分歧往往是引发情绪攻击的因素，人们对自身情绪的克制似乎并不奏效，尤其是自我保护的本能时常会发生作用。人们对外来的侵犯（无论是有意的还是无意的）都会保持警惕，他们给自己安装了一套非常敏感的警报系统，一旦发现有人侵入了这套警报系统，就会立即保持警觉，做出有力的回击。正因为如此，人们很容易以坏情绪来面对他人，而这些坏情绪本身又具有很强大的破坏力，会对个人的社交关系和个人形象产生很大的负面影响。

有个教师原本拥有一个幸福的家庭，但自从丈夫婚内出轨后，她备受打击。每次和丈夫吵完架，她都会将怒气发泄到学生身上。在她心情不好，而学生们又刚好表现不佳的时候，她就会责骂、惩罚他们。有次因为和丈夫发生了争吵，她直接让全班同学抄写了一百遍课文。

有个小伙子觉得他的父亲是世界上最慈祥、最和蔼的父亲，从小到大他几乎没有看见父亲在家里发过火，更没有对几个孩子动过怒。可是，这位好父亲在公司里却是另外一副形象：说话尖酸刻薄，待人非常严苛，动辄就对员工发脾气，为人非常自我和自大。但凡自己下达的命令，所有人都必须遵从；但凡自己说过的话，所有的人都要记住，并且从不会受到其他人的影响。

阮先生一直是一个脾气暴躁的人，平时待人还算友好，可是每次工作中受了气，回家后就会冲着妻子和孩子乱发脾气。邻居们都说阮先生只有在假期时才表现得像个君子，平时工作下班回家后，经常和妻子发生口角。他经常嫌弃妻子问东问西；嫌弃妻子没有及时做饭；抱怨妻子没有将自己的西服熨好；指责妻子没能带好孩子。由于工作不顺，他常常将压力发泄在家人身上。

作为社会中的一分子，人们几乎每天都在和身边的人发生直接或间接的联系，几乎每一天都要受到他人的影响或影响他人。行为互动和情感交流几乎每天都在发生，而不同类型、不同性格、不同遭遇的人之间难免会在情绪上相互影响，也就是说，人们经常会将自己所承受的痛苦以负面情绪的形式施加在他人身上。这种负面情绪的表达，一方面源于对方的伤害，另一方面源于生活中的不如意。但无论是哪一种，人们往往会以坏情绪示人，并容易引发矛盾和冲突。

正因为矛盾和冲突无处不在，也因为负面情绪往往会以伤人的方式发泄，所以人们更加需要掌握合理的情绪控制方法，避免负面情绪对自己的社交生活产生负面影响。

二、受欢迎的高情商社交者

以色列作家尤瓦尔·赫拉利在《人类简史：从动物到上帝》一书中，谈到了这样一个观点："人这种动物真的没什么特别的，而让我们最终强大起来的技能是，我们会社交。"按照他的说法，一个人如果赤手空拳和一只黑猩猩单挑，那么这个人将会被猩猩干掉。即便是十对一，获胜的希望也不大。可是，一旦人数达到了一百，情况就会发生反转。人们可以依靠彼此之间的协作找到战胜黑猩猩的办法，如果人数变成一千或者一万，那么黑猩猩将毫无胜算。

这是因为人类具有强大的社交能力，可以通过社交手段建立起稳定而强大的社会关系，结成高效且强大的群体。但是，社交并不是天生就具备的一种能力，它是在社会生活和社会关系的基础上形成的。社交能力的强弱直接决定了社会关系的强弱，决定了社交关系的稳定，决定了个人在社会中生存和发展的空间。

一个人是否具有强大的社交能力，可以通过一个最基本的特质来判断，那就是这个人是否受人欢迎，是否在群体中拥有良好的人缘。在生活中，有很多人会显得比较孤僻不合群，一方面是因为内向的性格使其无法融入群体生活，甚至因为社交恐惧症而难以与他人保持一致；另一方面就是因为不擅长社交，缺乏高效的沟通能力。比如，有的人说话容易冲动、有的人过于自我和自大、有的人喜欢将责任推给别人、有的人经常否定他人的想法。这些人往往很容易得罪其他人，因此会在交际中被他人慢慢孤立。

而有些人恰恰相反，他们在为人处世方面具有很强的能力，能够在周边形成一种良性的人际关系辐射，与之接触的人往往都会对他们表示认同，想办法接近他们。这种人具有以下几个社交特点：

——他们出现的地方，氛围往往更加和谐，可以与不同立场的人处理好关系。

——很少与人发生冲突，即便双方之间存有分歧。

——善于克制情绪，很少会爆发激烈的情绪。

——注意把握分寸，避免引起他人的不悦。

——具有强大的说服力，容易拉拢他人。

通常情况下，受欢迎的人往往分成以下几种：

第一种是“开心果”。他们为人幽默，语言表达能力和形体表现能力比较强，而且善于抓住他人的兴趣点，能够给周边人带来很多的乐趣。许多人比较幽默，往往能够寻找各种有趣的话题逗乐他人，而且非常善于调动气氛，可以在大家尴尬的时候打破僵局，确保整个交际氛围更加和谐。

第二种是“活雷锋”。这类人在生活和工作中喜欢帮助他人，能够给予身边人更多的助力。因此，他们常常会受到群体内其他成员的欢迎。助人为乐的人往往拥有良好的个人形象。由于经常为人提供便利，他们通常会赢得他人的认可，也容易获得更多人的回报。

第三种是“协调者”。这类人非常善于交际，而且能够巧妙地协调和处理好周围的人际关系。在群体内，他们的一个重要职责就是平衡和协调各种人际关系。当他人之间爆发矛盾和产生分歧的时候，他们就会站出来充当和事佬，动用自己的人脉资源和社会关系来消弭纷争。

第四种是“知心人”。他们往往充当倾听者和知己的角色，其最大的能力就是能够把握他人的想法和需求，并能够恰当地给予一些帮助。他们是一类让人感到舒服、毫无威胁和压迫感的人，无论面对谁，他们都有信心和对方处理好人际关系。这类人的第一个特点是没有攻击性，这使得人们更容易放下防备心。第二个特点是善于倾听，他们能够认真聆听他人的话语，有时也能够充当一个解惑答疑的角色。

在生活中，这四类人往往非常受欢迎，在群体中拥有不错的人际关系和个人形象。相比其他人，他们对人际关系的把握更老道、沉稳。无论是亲人、朋友、同学、同事，或是朋友的朋友，他们都可以处理好人际关系。与周围的人打好关系是他们展示个人魅力的一个前提，他们更善于把握他人的心理舒适区，善于观察和了解他人的性格，也善于把握他人的真实需求。与此同时，他们是非常出色的情绪控制者，对于自身情绪具有强大的控制力，对于他人的情绪具有很强的引导力。无论在生活还是工作中，他们身上所表现出来的特质都是圆融的、温和的，而不是尖锐的，带着明显的棱角，这就使得彼此之间的交往可以在一个良好的氛围中展开。相比过于喜欢展示自我、彰显个性，让他人感到开心和舒适，反而更能够体现出自身存在的价值。

可以说，那些更受欢迎的往往是更加出色的沟通者。在处理人际关系的问题时，他们更多地将立足点放在他人身上，给他人创造一个舒适的沟通空间，而不是按照自己的想法、思维和需求去处理关系。如果以一个更加专业化的术语来评价，那就是“高情商”。

三、情商与智商

斯坦福大学经过研究发现，一个人获得成功，百分之十五需要依靠智力，百分之八十五则要靠情商。相比之下，在社会生活中，情商比智商更加重要，或者说起到的作用更大。一般来说，人与人在智商上的差别不会太大，对于身体健康的人来说，所谓的智商碾压非常罕见，真正决定人与人之间差别的还是情商。

高智商的人并不一定有高情商。在生活中，人们会发现那些智商高的人往往不懂得如何与他人沟通和相处，经常会冒犯他人并将人际关系搞得非常僵。对此，英国籍进化心理学家金泽哲认为这是“热带草原法则”在发挥作用。按照他的说法，在远古时代，由于个人的力量、技术非常有限，无法在恶劣的环境中单独生存下来，只能依靠群体。而这种依赖群体的生物行为会在大脑中留下深刻影响，他们会在群体生活中产生幸福感，而人们也会延续这样的协作思维。可是到了现代社会，很多高智商的人认为社会环境已经发生了巨大变化，像远古时代那种生存危机已不存在了。他们率先意识到了这一点，并认为依靠自己的能力也能解决很多生存问题。因此，在很多时候他们更愿意将精力投入到思考和个人的工作中，而不会花费更多的时间和别人相处，将精力消耗在聚会和相互沟通上。

高智商的人有时候会在情商方面有所欠缺，但是高情商的人往往具备比较高的智商。这里涉及的一个概念就是“智力的利用率”，其中最明显的就是理性思维和理性分析能力。情商高的人善于动用理性思维分析事情的原委，而低情商的人往往感情用事，个人的想法和行为都建立在情绪发泄上，而不是理性分析上，因此很容易被情绪左右。比如，一位投资大师说只要按照他的方法进行投资，就能够在短时间内挣到一百万元。一大批人可能会被这种具有煽动力的话影响，觉得这种方法很可行。还有很大一部分人则会用否决的、恐惧的态度来看待这件事，认为这个投资大师不过是个骗子。这两种人往往会冲动行事，他们不善于运用理性思维，也无法真正运用自己的智力解决问题。

许多智商高的人会意气用事，在一些关键问题上做出错误的决定，是因为情商不高，容易被负面情绪影响。比如，很多出色的企业家会因为自己能力出众而产生自负心理，在面对各种决策时喜欢自己做主，独断专行。这种做法在很多时候会给企业的发展带来帮助，可是由于个人能力非常有限，个人的视野也容易受到环境的制约，片面依靠自己往往会导致一些错误决策的出现。很多时候，高智商的聪明人会陷入一些智力陷阱中，而这种情况一般是人们对自己过分自信，而导致情绪非常冲动，思考问题不够周详才出现的。

股神巴菲特说过，自己一生中大约有一半的投资都以失败告终。这些失败的投资不完全是因为自己不具备理性分析能力，不具备投资的实力和判断力，而是因为自己在利益的诱惑面前丧失了理性判断的能力。由于过于冲动，他经常会做出一些错误的投资，也经常会错失一些好的投资机会。

又比如，1998年，亚马逊公司花了大约九千万美元收购了一个叫“PlanetAll”的社交网站。当时，这个社交平台以成为世界上最大的交流平台为目标，而且它也表现出了这样的潜力。但贝佐斯却直接关闭了它，他的想法很简单：只借助这个平台打造一个用户社区，帮助公司多卖几本书。当亚马逊网站生意还不错时，为了节约成本的贝佐斯不顾众人反对直接关闭了这个社交平台，仅仅是因为他觉得它没有存在的必要了。结果因为贝佐斯的独裁和自负，亚马逊错过了一个重要的商机，而这个商机很快被扎克伯格的Facebook公司抢走。如今的Facebook公司成了网络社交领域最重要的一股力量。多年后，就连贝佐斯本人也后悔不已，认为自己太过意气用事了。

科学家发现，那些深层边缘系统、前额叶皮层等大脑控制情绪的部分受损的人，仍然能够清晰且符合逻辑地进行推理，智商没有受到任何影响，但他所做出的决定往往是错误的。显然，人类大脑的正常运作离不开逻辑部分和情绪部分，而高情商的人能够综合利用这两个部位。情绪部分的强大对逻辑思维的提升是有很大帮助的。

著名企业家福特在公司研制成功V6发动机之后，提出了一个大胆的设想——为何不尝试着制造八缸引擎呢？这个大胆的想法让工程师们大呼不可能，毕竟依照当时的技术水平，研制V6发动机用的已经是顶级的技术了，几乎所有人都认为这个目标根本不可能实现。

福特对发动机多少还是有些了解的，他也意识到这是一个天大的挑战，但他还是希望尝试一番。所以他下达了研发V8发动机的任务，并且告诉每一个工程师，他们将会创造历史。当这一研发项目启动之后，项目遭遇的难度远超想象，大家奋斗了几个月，仍旧没有什么突破。这让几个工程师感到非常沮丧，他们纷纷提议放弃这个项目。福特却仍旧坚持自己的目标，他每一次开会都兴高采烈地告诉大家“研发有了新的进度，相信用不了多久就会成功”。不仅如此，他尽量让所有人都在一个相对轻松的环境下工作。几个月之后，研究终于迎来突破，他带领工程师成功制造出了V8发动机的原型。

情商原本就与智力的实践性和智力运用的现实情景性，与社会文化因素对智力的制约作用有着密切联系。从某种意义上来说，高情商的人总是可以最大限度地动用智力资源来解决问题。当一个人遭遇困难的时候，如果他能够控制住失落的、恐惧的、沮丧的情绪，始终以乐观积极的心态面对生活，那么他就可以让自己保持理性和专注，从而最大化地激发智力上的潜力。

四、高情商：情绪敏感度与控制力

在生活中，人们称赞那些言行举止得体的人时，往往会这样说：“他是一个情商很高的人。”

那么什么是情商呢？简单来说，就是一种让自己和他人都感到舒适的交流方式，而这种舒适往往涉及情绪的调整。比如，当人们在公交车上被人撞了一下，有的人会怒火中烧，大声斥责对方“走路不长眼睛”，有的人会微笑着说“没事”；有的人会因为路上堵车而疯狂地按喇叭，冲着车窗外大喊大叫，而有的人则会保持耐心，温和地劝说车上的人“这很常见，我们再等等看”；有的人因为被人批评两句，就直接强硬地反驳，或者干脆掉头就走，而有的人会默默地接受，并且会感谢对方的提醒；有的人在遇到开心的事情时，就会旁若无人地大笑，而不管别人心里是否会产生落差，而有的人则会控制自己兴奋的情绪，以平常心来对待。

能够把问题处理得让人感到舒服，这就是一种高情商的表现。提到高情商往往会涉及一个问题，那就是情绪的敏感度。情绪的敏感度很好理解，那些一点就着，一遇到不愉快的事就会通过脸上的表情表现出来的人，就属于情绪过于敏感。这种人缺乏缓冲力和调整能力，遇事比较急躁和激进，情绪容易受到外界的影响，个人的喜怒哀乐缺乏明确的控制，容易因为现实环境的变化而变化。

正是因为过于敏感，他们对外界环境始终保持很强的防备心和排斥感，任何一点儿变化都可能会引起情绪上的波动，并对个人的言行举止产生影响。人们可以看看自己的情绪敏感度究竟是多少，这可以通过日常生活的情绪表现来衡量：是否经常顶撞上司；是否经常在背后说他人的坏话；是否会在发奖金之后兴高采烈；是否会在即将下班时坐立不安；是否经常会对他人的批评感到厌恶；是否经常会在自己不喜欢的人面前表露厌恶感；是否会因为堵车而火冒三丈；是否经常因为工作原因而将怒火发泄到家人身上。

情绪敏感的人往往缺乏有效的自制力，在《情商：为什么情商比智商更重要》一书中谈到了这样一个观点：每一个人都具备两种思维，一种是思考，另一种是感受。感受产生效果的速度通常要比思考的速度快很多，这就使得人们很容易在思考问题之前爆发情绪上的冲动。比如，在车上有个人不小心踩到了他人的脚，被踩者可能不会想到对方是因为刹车才不小心踩到自己的，或是为了提醒自己有小偷正在盗取钱包。在进行合理思考之前，情绪（感受）就会率先爆发出来，导致双方发生冲突。

亚马逊公司的创始人杰夫·贝佐斯是一个非常成功的人，但在处理人际关系方面实在很糟糕。他向来不懂得如何处理好与身边人的关系，无论是老员工还是新员工，他们都会在私底下叫他“贝疯子”。贝佐斯是一个情绪非常敏感的人，这一点从他如何对待竞争对手以及员工就可以看出来。那些接近他的人都在传言：“‘贝疯子’每天都生活在暴怒之中。”他对工作的严苛标准让人无法容忍，他在管理和竞争中的表现只能用“暴虐”来形容。很多员工都在批评贝佐斯不允许他们上班期间上厕所，因为他总是抱怨员工浪费了太多时间，并且将厕所尽量安排到远离工作场所的地方。如果说有谁工作出了小差错，或者提出了一些他不乐意听到的话，他就会非常生气，而且还会毫无绅士风度地骂脏话。这种形象让他成了一个备受争议的企业家。正是因为他的情绪过于敏感，经常容易与人发生纠纷，他的人际关系处理能力一直备受质疑。

很多情商不高的人无法控制好自己的感受，无法在处理相关问题之前进行有效的思考。他们总是表现得鲁莽、冲动、爱发脾气，而且不具备强大的自我调节能力。这里涉及一个重要的概念——自控力。高情商和自控力有着千丝万缕的联系，高情商的人往往具备强大的意志力和自控力，他们能够有效控制自己的情绪。而那些容易冲动的人，往往缺乏一种自我克制的能量。

按照心理学家弗洛伊德的说法，一个人克制某种冲动（比如性冲动、饮食冲动、情绪上的冲动）通常都需要耗费大量的能量，当能量耗尽之后，他就会在其他事情上感到无能为力。同样地，如果一个人的能量消耗太大，他通常也会失去对自我冲动的控制。比如，当某人因为他人不当的言论而生气时，生气就会消耗他大量的精力和能量，这个时候他可能就会因为自我克制的能量不够而冲动行事。

心理学家罗伊·鲍迈斯特提出了自我损耗的观点，认为意志力就是一种能量消耗。多伦多大学的两个研究者，迈克尔·因兹利奇和珍妮弗·古特塞尔对此进行深入研究。他们借助脑电图法窥探了大脑处理多种多样的问题的方式，并且注意到一个名叫前扣带皮层的脑区。该脑区正是人体的“冲突监控系统”，这个系统会时刻观察“正在做的”和“想要做的”之间的差别，它是人体当中实现自我控制的关键。一般情况下，情绪敏感的人往往缺乏意志力，他们的冲突监控系统可能处于失控状态。而高情商的人，往往有着更为强大的冲突监控系统，他们的意志力也更强，能够支持更长时间的消耗，这就使得他们在情绪控制方面表现得更为出色。

正因为如此，人们想要让自己更好地融入社会和群体当中，想要打造一个和谐的、融洽的、平衡的社会关系，就需要想办法抑制自己的敏感，让自己变得更加“迟钝”一些，让自己具备更强的应对外界刺激的缓冲力和意志力。同时，他们需要通过日常的锻炼来提升自己的社交技巧和情绪控制能力，让自己具备更强大的影响力。

五、高情商的五个重要表现

情商被称为情绪智力，它是人们对情绪的一种调节能力，是人们将情绪成熟地运用到社交中的一种能力。从这一个角度来说，情绪调节实际上是情商中的核心内容。一个人是否具备高情商，往往可以从情绪调控能力上看出来。具体来说，情商主要包含了五个方面的内容：了解自身情绪、管理情绪、自我激励、识别他人情绪、处理人际关系。

“了解自身情绪”主要是指对自身性格进行了解，对自身情绪产生的一些基本情况进行了解。其中包括面对什么人会爆发什么样的情绪，面对不同事件时情绪表现的强度，情绪爆发的时间特征以及情绪变化的相关特征。总而言之，人们需要尽可能地弄清楚，自己在什么样的情况下会有什么习惯性情绪出现。比如，什么情况下最容易产生沮丧心理，什么场景中容易出现自卑，什么时候会有自大的表现，什么情形下经常大动肝火，什么时候会感到抑郁和不安，什么场合下情绪爆发的强度会很惊人。了解自己情绪爆发的点和爆发的场景非常重要，这是对情绪进行控制、调节和引导的前提。

了解自身情绪还包括把握个人情绪发作动机、原因以及目的，了解自己的角色特征。比如，某人准备和朋友一起去参与竞标，在准备妥当之后，却意外得知朋友做出了放弃一同竞标的决定，于是觉得非常生气。那么这时他需要明确了解自己为什么生气，是因为朋友的立场和自己完全相反，或是因为朋友出尔反尔，还是因为朋友出卖了自己。不仅如此，他还要了解自己生气的目的是什么，是为了让对方改变心意，为了给对方提出警告，还是为了宣布就此绝交。在生气的时候，他更有必要对自己的角色和地位进行分析。

“管理情绪”是指在了解个人情绪之后，需要想办法对情绪进行适当管控，确保自己不会受到情绪的影响。管理情绪体现在诸多方面：划定一个情绪界线，给自己划定一个安全区域和承受的界限，避免胡乱爆发情绪；当外界的刺激让自己产生不适时，要主动压制负面情绪，避免情绪伤害到自己和他人；想要爆发负面情绪时，想办法转移压力，或者运用理性思维引导和释放负面情绪。管理情绪往往是要求人们将自己的情绪以一种更为合理的方式表达出来。

比如，某人工作压力很大，经常被客户刁难，几乎每天都生活在煎熬中。下班回家之后，他总是保持一副笑脸，以最轻松愉悦的状态来面对妻子和孩子，他并不希望将工作中的压力和负面情绪带到生活中。因此，在踏进房门之前，他就已经将所有的负面情绪全部抛在了房子外面。这样的人就具备强大的情绪管理能力，他们知道该如何收敛自己的坏情绪，将那些能够带来破坏力的情绪安放在一个最安全的角落中。

“自我激励”是指人们能够依据活动的某种目标，积极主动地调动、指挥自身情绪的能力，确保人们可以从负面情绪中走出来，形成更为积极乐观的人生态度。自我激励的人往往会将负面的处境和刺激当成一种挑战，他们会不断地激励自己去战胜困难，克服障碍，并努力提升自己的状态。比如，有个商人在金融危机下破产，很多人都为他感到惋惜，家人也担心他会想不开而像其他破产者一样自杀，没想到这个商人笑着说：“哈哈，我现在终于可以重新开始了。”对他而言，破产并不是什么值得悲伤的事情，而是一个走向新生的挑战。

自我激励的人往往能够有效转化生活中的危机，将积累的负面能量转化成为正面的、积极的能量，从而将负面情绪转化成正面情绪。这种人的目光总是向前的、向上的，他们具有强大的能量转化和累积能力，具有主动进行自我调整的能力。

“识别他人情绪”是指人们在了解自己的情绪的同时，也主动去把握他人的情绪。在识别他人情绪的过程中，需要通过细微的观察来感受他人语言中传递的信号，敏锐地把握住他人的需求。识别他人情绪是避免进入他人情绪陷阱和雷区的关键，也是提升沟通效率的基础。

比如，有些人在谈话时，善于观察他人的肢体语言，如果对方表现得心不在焉，眼睛总是到处环顾，意味着对方对话题不感兴趣；如果对方一直摇头，表明他并不相信这些话，而且对话题的内容感到不满意；如果对方在交谈时，经常用食指或者拇指指尖触碰嘴唇，就表示他们内心紧张不安，或者对相关的谈话内容表示疑惑；如果对方在谈话中露出了笑容，但眼角始终没有出现皱纹，往往表明他们在假装微笑，他们对谈话内容根本不感兴趣。

“处理人际关系”是调控自己与他人情绪的技巧。当人们意识到自己的情绪出现问题或者他人的情绪出现变动时，会想办法调节和引导，避免这些情绪对人际关系产生负面影响。比如，在谈到员工消极工作的时候，管理者往往会对员工进行批评，或单纯借助业绩考核这一类制度来约束员工的行为。但是，对那些产生职业倦怠症，或者对管理者不满的消极情绪工作者来说，制度上的约束和管理上的压制往往会适得其反。管理者因为员工对自己有意见就处处压制和惩罚，这显然不是明智的做法。

在西方国家，许多领导人已经意识到了上下级之间存在的冲突和矛盾，并且明白员工由此会产生对工作的厌倦以及对上级领导的排斥。在这一方面，扎克伯格做得很出色。他是一个非常严厉的管理者，并且将这种管理理念变成Facebook公司的企业文化。在公司内部，很多员工常常觉得不自在，认为公司领导的管理太过于严格，而这种压抑的工作氛围又使得员工常常心情抑郁。为了改善这种状况，扎克伯格直接在公司内部设置了一面墙，任何人都可以在墙上写下自己想要说的话：提出意见和建议；表达自己的观点和立场；又或者对某人提出批评。这面墙就是一面承载和接纳情绪的墙，员工可以尽情发泄，而公司绝对不能干涉员工的这种自由。

以上五个方面就是高情商的主要表现。可以说，高情商不仅仅表现在对自身情绪的认知和掌控上，还体现在对他人情绪的认知和引导上。高情商的人善于营造一个和谐的交流环境，并且能够将负面的东西转移到人际关系之外，或将这些负面的东西进行合理转化。

六、高情商对话的三个层次

高情商最常见的一个表现就是拥有出色的交谈方式。相比做事的高情商，日常生活的沟通和对话更容易体现出一个人情商高低。可以说，是否会说话是衡量个人情商的关键因素。而日常交际中通常存在一个最基本的谈话结构，人们的谈话往往会围绕这个结构展开，并且所有的内容都会凝聚在这个结构中。对那些高情商的人来说，他们的谈话结构更为鲜明。一般来说，高情商对话包含了三个层次的对话形式，不同的对话形式表现出个人不同的对话水准和情商高度。

第一层结构是“发生了什么”的对话，即人们对对话内容及由这些内容所引发的相关行为的一种挖掘。参与对话的人需要弄清楚每个人究竟说了什么、做了什么、有什么想法，了解什么事情本不应该发生，什么事情是允许发生的。这种对话往往和分歧、争执有关，双方会因为思想、观点、立场的不同而引发一些摩擦。这个时候，双方会将注意力集中在“到底发生了什么事情”上，对问题进行分析，有关“发生了什么”的对话本质就是思想冲突的探究，以及对责任的一种追究。

比如，某个团队在经营某个项目时出现了重大的问题。在内部会议上，大家开始讨论问题究竟出在什么地方。这个时候，每一个发言人就会试图分析所有参与者的工作，以及每一个工作流程中的环节。了解每一个人做了什么，犯了什么错误，在哪些方面做得不够到位，弄清楚参与者之间存在什么样的分歧和冲突。

第二层结构是情绪对话。这一层结构主要包含了谈话内容所引起的情绪变化，谈话者会直接在对话中表现自己的情绪，并且对其他人的情绪表现进行分析和质问。比如，一个人帮助朋友处理某件烦琐的事情，结果由于处理不当导致事情变得更加糟糕。这个时候求助者会抱怨朋友办事不力，将怒火转移到朋友身上。朋友此时也会觉得非常寒心，忍不住质问对方：“我不辞辛苦帮助你，你就是用这样的态度来对待我的？”在这里，个人对他人情绪化的表现会表现出一定的攻击性，以针锋相对的模式来确保自己不会在对话中受到压制。

第三层结构是自我认知的对话。相比前面两个层次，这是比较高层次的对话方式。具体是指谈话参与者会在交流过程中针对当前局势进行分析，评判这些形势对自己可能会带来什么影响，对自己接下来的行动有什么帮助。一般来说，这是一个自我反省、自我思考的过程，人们可以了解自己是否做得合理，是否被情绪左右，是否过于主观和任性。他们会针对自己的行为做出合理的评判。

这一类对话往往会影响整个谈话的走向，并促使人们在接下来的谈话中制订恰当的策略。很显然，人们害怕出现自我迷失的情况，因此会坚定不移地对自己的言行进行权衡和评估，以确保不会出现错误。

高情商的人往往可以妥善处理好三个层次的对话。比如，在处理“发生了什么”的对话时，他们会保持理性和客观的做事风格，不做一些不切合实际的猜测和假设，不会盲目推卸责任，或强调自己才是正确的。着眼于事实（信息）的采集，立足客观分析，这才是正确展开“发生了什么”的对话的基础。

在处理情绪对话时，高情商的人不会回避自己的情绪，他们会采取最恰当、最理性的方式来处理它们，避免直接激化矛盾。他们会认真分析事实，尽量在情绪之外进行对话。比如，当消费者得知自己购买的产品出现严重的质量问题时，第一时间不是冲着销售员大喊大叫，而是应该保持克制，和销售员进行交流，找出导致质量出现问题的原因。在处理情绪对话时，保持理性思维是关键，人们需要在情绪之外积极对话，找到共同解决问题的方法。

而在处理自我认知的谈话时，挖掘内心诉求才是关键。考虑到人们所说的话往往反映出内心的真实想法和需求，以及对个人形象的描述与修饰。因此人们需要找准自己的定位，然后通过这种定位来看清自己，意识到自己应该怎么做。

这实际上就是打造良性沟通模式的一种方式，我们要在“发生了什么”的对话结构中侧重于寻找问题和挖掘问题；“情绪”对话结构中侧重于情绪上的压制和思维的重新梳理；“自我认知”对话结构中侧重于对自身问题的梳理，对自身行为的反省和调整。

第二章

高情商者的特质

情　商　高，　就　是　把　情　绪　控　制　好

一、保持乐观，接纳不完美的自己

作家詹姆斯·艾伦在《人在思考》中这样说道："一个人会发现，当他改变对事物和其他人的看法时，事物和其他人对他来说就会发生改变——要是一个人把他的思想朝向光明，他就会吃惊地发现，他的生活受到很大的影响。人不能吸引他们所要的，却可能吸引他们所有的……能变化气质的神性就存在于我们自己心里，也就是我们自己……一个人所能得到的，正是他们自己思想的直接结果……有了奋发向上的思想之后，一个人才能兴起、征服，并能有所成就。如果他不能奋起他的思想，他就永远只能衰弱而愁苦。"

个人的心理状态和情绪，往往会影响自身的行动。悲观的人越来越悲观，自信的人越来越自信；胆小的人越来越恐惧，强大的人越来越从容。正因为如此，人们需要保持乐观。这种乐观并不仅仅是要懂得挖掘自身的优势，还要懂得接纳自身存在的各种不完美。任何一个人都是不完美的，但任何一种不完美都是个人追求自我改善的动力。而这种改善首先就需要建立在内心的乐观基础上。当一个人足够乐观的时候，他才能接纳自己的不足；当一个足够乐观的时候，才能以豁达的心态面对自身的失败；当一个人足够乐观的时候，他所面对的人生才是充满希望的。

从心理学的角度来分析，任何一个人都会在潜意识中建造一个完美的自我形象：鼻子塌的人希望拥有高鼻梁；成绩差的人希望成为高等学府的高材生；贫穷的人总是希望自己有朝一日会变成有钱人……成为一个更完美的自己，无疑是每一个人最常见的心理期待。无论是外在形象、个人的能力和见识，人们都希望自己接近心目中的某个标准。而内心越是沉迷于如何打造完美形象的人，越容易在自我认知中产生强烈的挫折感，越容易讨厌自己身上的缺陷，并对自身整体形象产生憎恶。

当人们意识到自己的不完美，并由此产生挫折感和自卑感时，就容易表现出一些负面情绪，丧失理性分析和判断能力。这种人遇事缺乏信心，也不愿意表现出合理解决问题的决心。他们更多时候会通过情绪上的不合理爆发来抒发内心的不满。此外，由于自卑，他们会刻意远离甚至仇视那些比自己更加出色的人，经常以不好的态度来对待那些优秀的人，为的就是对他人高于自己的地方进行“惩罚”，这种惩罚本质上也是对自己“缺陷”的一种惩罚——他们始终跳不出这种心病的束缚。

由于经常自怨自艾，对生活和工作缺乏热情，他们给人的感觉就是抑郁、沮丧、失落、消极，不能用正确的、积极的眼光看待生活。而这些消极的情绪很容易影响到他人对生活的感知和体验，降低他人的幸福感。所以这种人往往会成为群体生活里的破坏者，他们不仅无法给周围的人带来舒适感，反而会带来不好的体验。

如果人们打算保持一个令人感到舒适的状态，就需要及时调整自己的心理状态和情绪，主动接纳自身的缺点，对自身的不足之处建立一个正确的认知。任何人都是不完美的，用完美主义的标准去衡量自己只会陷入自我贬低的痛苦之中。人们应该去面对自己的缺陷，然后在生活和工作中规避自身不足的负面影响，同时想办法改进自我、完善自我。从某种意义上来说，每个人身上的缺点就像一面镜子，可以有效反映出个人的生活状态和处理事情的能力。依据这面镜子，人们就可以知道自己应该做什么，不应该做什么。

有个人不怎么会说话，不仅口齿不伶俐而且说话的水平很低，因此在很多时候，他都会选择默不作声，认真地倾听别人讲话。久而久之，大家都对他产生了好感。因为他是群体中唯一一个不会在背后议论别人，也不会喋喋不休地抱怨，是唯一一个愿意听他人倾诉和表达，且不会插嘴和反驳的人。由于在表达上不会给其他人造成威胁，不会让人产生厌恶感，他反而成了群体内最受欢迎的人。

很多时候，只要保持正确的心态，认真对待自己的不足，那么个人的缺点往往也会成为一个优点。除此之外，与其总是盯着自己的缺点看，不如多看看自己的优势，人们必须重视自己身上的优点，展示出一些与众不同的东西，而不是盲目地逃避自我。

有个新来的部门管理者一直受到下属的质疑，许多人都认为他没有能力，也没有高学历和文凭，根本就不适合领导这样大的一个部门。下属们对于公司的安排感到非常疑惑，面对大家的疑惑，这个新来的管理者看得很开，笑着做出回应："大部分的指令和计划都已经在高层领导那儿完成了，对于各个部门而言，最重要的就是执行。而许多部门内的管理者都会顾及情面和人情关系做出一些不合理的安排，让一些无能的人参与重要的工作。我是新人，根本不存在这种状况，一切都会客观地按照指令行事，可以说这正是我在整个执行体系中的最大优势。"这之后，他立刻得到了下属的信服和尊重。

在现实生活中，许多人都会过分关注自己的弱点，并因为这些弱点而感到痛苦。如果能够转换立场和角度，多挖掘自己的优势，多想一想自己擅长什么，或许情况就会变得不一样。人们需要建立正确的自我认知，就像一些内向者总是认为自己不善交际，没有魄力一样。他们或许并没有想过自己的优势，比如，更善于思考，感官系统更敏锐，做事更谨慎，独立性更强。如果他们能够更加全面地认识自我，了解自己的优势，就不会为之苦恼了。

一个高情商的人往往具有正确的自我认知，拥有积极向上的心态。他们能够乐观且客观地面对自己，面对自己的不足，并且尽量避免这些不足之处成为激发个人情绪的负面因素。

二、在危机前保持钝感

一个不成熟的人往往表现得非常敏感，他们对外界的刺激非常在意，对外界环境的变化非常敏感，以致自身的情感和情绪、自身的心理活动往往会受到影响。而与情绪敏感相对应的就是钝感，钝感是抑制情绪敏感度，提升自我适应能力、调节能力的重要力量。因此，心理学家更愿意将其称为“钝感力”。

“钝感力”的概念最先出现在日本作家渡边淳一的《钝感力》这本书中。在书中，他重点提到了“钝感力”的概念，并且认为这是改变人们生活方式，提升社交能力的一个重要心理因素。按照他的说法，“所谓‘钝感力’，即‘迟钝之力’，亦即从容面对生活中的挫折伤痛，而不要过分敏感。当今社会是一个压力社会，磕磕绊绊的爱情、如坐针毡的职场、暗流涌动的人际关系，种种压力像有病毒的血液一样逐渐侵蚀人的健康。钝感力就是人生的润滑剂、沉重现实里的千斤顶：具备不为小事动摇的钝感力，灵活和敏锐才会成为真正的才能，让人大展拳脚，变成真正的赢家。”

高情商的人往往具有强大的钝感力，他们在面对发生的那些突发事件时，会对这些事件进行快速感知。但绝对不会盲目地对这些事件进行判断，不会立即采取行动来应对这些突发事件，而是先运用大脑对相关问题进行分析，大脑会对身体感官器官传过来的数据和信息进行处理，运用理性思维分析自己应该如何做出合理应对。钝感力并不是平时所说的迟钝，而是大脑中设置的一种理性分析基础上的缓冲模式。这种缓冲可以让人们的情绪受到有效的控制和引导，可以让人们在人际交往中获得更大的表现空间。

在钝感力发挥作用的过程中，实际上存在两个环节。第一个是抗压环节，即当外来的压力和变化刺激到人们时，他们很容易会出现一些言语和行为上的应激反应。这个时候，抗压能力不强的人往往会直接在情绪上将自己的想法表现出来。抗压能力是情商中的一个重要内容，也是钝感力当中的第一重保障，可以有效降低个人的情绪敏感度。

比如，很多人受到同事的排挤时，可能会直接回击，在老板面前打小报告，或者直接当面指责同事。这就是抗压能力比较小的表现，这种人缺乏承受能力，反应比较激烈。而那些能够在做出回击之前保持镇定，并给自己一些缓冲时间的人，往往表现得更成熟稳重，他们对人际关系的处理往往更加老练。

钝感力强的人会设置好第一重保障，想办法提升自己的适应力和抗压能力。比如，一些高情商的人在受到外界的刺激时，会反复在内心深处提醒自己要保持冷静，先给自己降温。这种降温的方式有几种，一种是给自己留下更多冷静的时间，一般为五秒到十秒，这些时间足够压制情绪的暴动。还有常见的一种方式就是转移压力，比如，暂时离开是非之地，或者去做些其他的事情来转移注意力。这些方法都可以有效提升自己的适应力，让自己在刺激下保持稳定的情绪。

第二个就是思考环节，或者说是泄压环节。通过对自己感知到的事物进行分析，对自己受到的刺激进行推理，人们可以进一步压制情绪的爆发，同时更好地制订自己的行动策略。弄清楚自己值不值得发脾气，应不应该立即做出回应，怎样表现才能够更好地解决问题，有效避免人际关系受到负面影响。由于外来的刺激和压力不可能无缘无故消失，这一环节主要的目标是通过理性思维将这些压力以更为合理的方式发泄掉，避免自己长期受到压力的影响，这是钝感力发挥作用的第二重保障。

思考和泄压是一种精神上的自我认知。比如，很多孩子受不了老师和家长的批评，每次只要被批评，就会变得很抗拒、很暴躁，觉得所有人都在和自己作对。但是，如果他们愿意静下心来想一想为什么批评他们，尝试对自身的问题进行分析，对事情的前因后果进行全方面的了解，就会想到，那些批评者也许是关心自己，不希望自己误入歧途，浪费了大好的青春年华。

运用理性思维分析问题往往能够促进精神的成长，提升人们对各种压力的应对和处理能力。他们会尝试从另外的角度来看待别人施加在自身的压力，能够更理性客观地看待自己的行为。这种理性思考的过程往往包含了几个方面的内容：刺激从何而来？为什么会发生？对方的意图是什么？我是否有必要做出应对？不同的应对方式会产生何种结果？我怎样做才能让彼此之间更加融洽？多思考一下这几个方面的内容，人们就可以更好地掌控行动的方向、行动的力度，就能够保证自己不会盲目冲动行事。

钝感力很强的人处理生活危机和人际关系危机的能力比普通人更强，也更善于处理情绪的问题。他们并不会刻意去压制自己的情绪，给自己施加各种压力。而是以一种更为自然的方式来淡化和引导情绪的发作，使自己在人际关系的危机处理中掌握更为灵活的策略。

三、严守自我原则和底线

在日常生活中，许多人常常会将高情商理解为“好心”“仁慈”“愿意迁就他人”“不会用规矩束缚他人”“不会指责和批评他人”。在他们看来，高情商的人会迁就他人，迎合他人的想法和行为，他们并不在乎自己有什么想法，也不在乎自己的立场是什么。为了维护人际关系的平衡与和谐，他们愿意牺牲自己。

比如，在管理上有一个著名的戛裨鱼式管理模式，戛裨鱼是一种原产于印度的胎生小鱼，通常会被认为是柔弱的象征。戛裨鱼式管理指的是管理者过于仁慈，他们回避竞争，讲究人情，甚至不惜违背自己的管理原则。

如果进行分析就会发现，这种没有原则和个性的管理方式并不是一种高情商的表现，而是一种懦弱的、无原则的行为模式。“高情商”和“八面玲珑”是两个不同的概念。八面玲珑的人更加看重的是社会关系或者社交关系的维持，他们往往会为了维持关系而做出一些自己不想做且不应该去做的事情，道德和是非观念比较模糊。像一些曲意逢迎的人往往比较圆滑，这种人看上去能够妥善处理各种关系，但实际上他们常常会引起他人的反感。

著名的企业家史玉柱曾经说过：“我对爱拍马屁的人深恶痛绝，因为几点：一个有本事、心理健康的人，都不会去拍领导马屁；心术不正、想不劳而获的人，往往喜欢拍马屁。当年我搞巨人大厦濒临破产，公司有难，第一批走的人就是那些经常拍马屁的人。所以我东山再起、做脑白金的时候，公司文化上有一个规定，禁止上级在场的情况下，两人及两人以上的场合，公开说上级好话，否则发表该言论者一次罚款五百元。这次我跟刘伟、学锋说，巨人（巨人网络）也实施三个月，拍马屁的当场罚款五百块。因为拍马屁会把领导给宠坏。”

史蒂芬·柯维在《高效能人士的七个习惯》一书中这样写道：“我们的安全感，不像其他以人或事为基础的系统，受制于频繁的变动，我们了解正确的原则是永恒不变的，因此我们大可放心仰赖之。原则不会对事情反应，不会乱发脾气，不会以多重标准对待我们，不会跟我们离婚或与我们最好的朋友私奔，不会捉我们的小辫子……原则是深远而根本的真理，是正统的事实，是紧密交织着正确、一致、美德和力量的尼龙绳，贯穿着你我的生命结构。”和这段话所描述的一样，原则是我们在人际交往中永远不能抛弃的。

真正高情商的人不会随意取悦他人，不会拿自己的原则作为迎合他人的筹码，不会毫无底线地满足他人的需求。他们有更为坚定的意志、更加理性的人际关系处理方法、更为成熟的处事方式。高情商的人更加注重维护自身的良好形象，他们会在意他人的想法，适当照顾他人的需求和想法。但绝对不会做一些违背道德和法规的事情，也不会为了取悦他人，做一些违背原则的事情，尽管他们意识到有时候让他人感到身心愉悦很有必要。

很多时候，他们会有比较明确的主张和立场，表现出是非分明的特性。这种特性使得他们能够更好地把握做事的方式和分寸，展示自己的界限。这种界限既能够约束他人的行为，也能够约束自己的行为，从而让双方处于一个比较稳定的、和谐的状态。

展示自我原则和界限并不是生硬地拒绝那些违背原则的人，并不是直接去反对和批评那些不按规则行事的人，而是需要以更加婉转的方式来暗示对方“这样做不合规矩”。比如，有个人为了尽快调到心仪的部门，就给上级送礼，想要走后门摆平这件事，上级领导知道这个人的想法后说：“呵呵，你的工作能力很不错的，怎么对自己这么没自信呢，我觉得你有很大的机会实现梦想。不过现在我还是没有办法帮你，毕竟这样做对其他人而言是不公平的。同样地，如果下次有其他人也求我这样做，对你也是不公平的。”

高情商的人善于对那些违反规则的现象保持警惕和防备，但他们会委婉地表达自己的立场和原则，以一种更为温和的方式展示自己强硬的一面。他们善于处理人际关系，会在坚持原则的时候降低自己的杀伤力。许多人往往能够在一种非常缓和的状态下化解他人对自身原则的侵犯，避免产生更大的冲突和矛盾。

某导演在拍摄电影时，为了追求真实的效果，建议让演员拍一场真实的被老虎追逐的戏。虽然这些老虎都是马戏团里经过特殊训练的老虎，基本上不会胡乱伤人，可是对于演员来说，他一直都非常害怕动物，更别说老虎这样的猛兽，没有谁能够保证老虎不会突然失控。可以说从业十几年来，他自己也根本没有接触过任何类似的电影，平时生活中也从不养宠物。正因为如此，他准备回绝导演的建议，但又担心被导演说成不敬业，而且害怕会给拍摄进度带来影响。所以在同导演谈论这件事时，演员非常客气地说道："我觉得您设计的这场戏真的非常不错，而且整部戏的确有必要追求真实的效果。但就目前的情形来看，我们要不还是先问问老虎吧！总之先让老虎弄清楚剧情后再拍戏也不迟。"导演听出了演员话中的意思，微微一笑，于是放弃了这个片段的设计。

任何一个人都应该打造一个健康的个人情绪边界，不健康的、模糊的个人边界容易引起他人侵犯性的举动，并且导致双方情绪上的对立。健康的个人边界是人们明确对自己的行为和情绪负责，同时明确暗示他人要对他们自己的行为和情绪负责。它是人们进行自我保护和维护和谐人际关系的一个重要措施。

高情商的人有时候比其他人更坚持自己的原则。当然，坚持自己的原则或者明确自己的界限，并不意味着就要完全按照自己的意愿行事。如果人们总是认为自己"应该"怎么样，那么在多数情况下，就很容易封闭自我。因为任何一种"应该"都会让人失去其他的选项，这不利于人际关系中的灵活操作。因此，他们会想办法对相关的场景进行认真分析，正确的原则会坚守，对一些错误的或者不是很重要的原则，则会适当放松尺度。

四、积极自我调节，学会释放压力

高情商的一个重要特征就是强大的自控力。这种人遇事不会慌乱，不会害怕困难，对他们来说，困难是人生经历中必不可少的一部分，也是成长过程中一种重要的养料。因此，他们愿意以更加成熟冷静的心态来面对这一切。但是高情商并不是刻意压制自己的情绪，而是想办法找到一种更为合理的自我调节方式。

从医学的观点来说，压抑个人的情感、情绪会增加心脏的负担，长期压制的话，会对心脏功能造成严重的伤害，并容易诱发心脏病。有人曾做过这方面的调查，他们在对六百四十四名冠心病患者进行调查的时候发现，人们对愤怒这种情绪存在很大的误解。一般来说，人们会觉得愤怒会伤害身体，尤其是增加心脏的负担。但是调查研究表明，愤怒本身对心脏病的影响并不大，真正对心脏造成伤害的是压抑愤怒。调查人员发现压制愤怒会导致心脏病的发生概率增长三倍。

压制个人的情绪宣泄还会影响个人的个性，对人际关系造成严重的损害，也会导致人们进一步丧失处理生活危机的能力，丧失面对竞争的勇气。从个人的身心发展来看，压制情绪也不是一个明智的做法，因为情感本身就是人的动力之源。就像人们从事某项工作往往是出于热爱，人们讨厌和反感某些东西时，也会借助情绪反应来激活自我保护机制，避免自己受到伤害。作为人最真实的一部分，人们需要想办法给予情绪更畅顺的发泄通道，给自己一个释放自我、展示自我的机会。尽管有时候可能会引起一些不必要的误会，但在很多时候，过度压抑情感反而会让自己迷失。

其实，很多人之所以害怕情绪发泄，就是因为他们缺乏正确的自我认知，始终以有色眼光看待情绪。而人们对自身情绪的批判、恐慌和压制，往往体现出人们在处理自我问题、自我关系时的稚嫩。心理学家胡慎之被人称为“最懂关系的心理学家”，他对高情商有着独到的理解，他曾将高情商总结为三种关系，即“我和我自己的关系；我和他人的关系；我和社会的关系”。在这三层关系中，最容易被人忽视的就是“我和我自己的关系”。一般来说，人们都会将重点放在处理自己与他人、与社会的关系上，而忽略了自身的感受，忽略了如何与自己打交道。

比如，有个人总是喜欢帮助朋友解决问题，而自己有什么困难的时候喜欢隐藏起来，避免被朋友知道，也害怕让朋友来帮忙。有时候朋友知道事情后伸出了援手，他反而会感到不好意思，认为自己亏欠对方很多，并暗下决心要在下一次回报朋友。从心理学的角度来分析，这个人具有助人为乐的良好品质，在处理人际关系方面往往很不错，也容易成为社交群中受人欢迎的一员。但他却不善于处理和自己的关系，他从内心深处就认为自己是一个不值得他人为之付出的人，认为他人没有必要对自己那么好。在面对自己的时候，他会显得有些自卑，并且总是告诫自己："如果我不好好表现，不能帮助朋友解决更多的问题，不多做一些对他人有利的事情，朋友就会抛弃我。"

人们常常会忘记更好地对待自己和接受自己，容易将自己忽略和贬低，而这也使得他们在面对自身的情绪时感到恐慌、内疚和自责。这个时候，由于没有处理这类关系的经验，他们就会粗暴地采取"堵"的方式来压抑自己，以免自己的负面情绪会伤害到自己与他人、与社会的关系。但一个人如果不能处理好和自己的关系，又如何去面对他人与社会呢？

所以，人们应该正视自己的情绪，并加以正确的疏导，确保自己不会在压抑中迷失自我。

有个著名演说家在某一次巡演活动之后，被一位记者攻击为骗子。这个记者在报纸上歪曲事实，将演说家描述为一个打着“知名人士”头衔而到处圈钱的恶棍。这对演说家来说是严重的污蔑，他非常生气，尤其是考虑到自己的巡演活动非常成功，如果因为一些负面因素而影响个人的形象，恐怕会对自己的事业产生毁灭性的打击。因此他准备还击，准备打电话给报社，告诉对方的领导“必须删除这些不负责任的报道，而且还要进行公开的道歉”。

可他最终还是先将事情放在了一边，给自己一个缓和情绪的机会。到了第二天，就在他准备打电话的时候，他突然意识到自己这样做有些小题大做了。首先，这个记者这样做无非是为了制造一些社会话题，引起更多人的关注，自己如果纠缠于这件事，恐怕会让事情越闹越大，对自己而言最终没有任何好处。其次，这份报纸其实并不出名，在众多报纸中只能吸引很少的一部分观众。显而易见，在所有喜欢看报纸的人当中，也许只有不到十分之一的人会看到诽谤自己的那篇文章。即便有人看到了报道，恐怕也只有很少一部分人会将其当成重大新闻来对待。毕竟相比之下，人们更喜欢看政治人物的报道，喜欢看炒股和投资的介绍，喜欢看社会明星的新闻。在那些真正读到这篇报道的人当中，恐怕也会有一半以上的人在几周之后将事情忘得一干二净。对他们来说，这种类似于小报纸上的新闻每天都会大量出现，根本没有人会认真计较，既然如此，自己就更没有必要放在心上。

这种方式更接近于冷处理。冷处理是避免自己在事情发生之后，或者正在气头上的时候做出决定，先将相关事情放在一边，给自己激动的情绪一点儿缓冲和冷静的机会。善于冷处理的人往往能够给自己设定调节的时间，给理性思维腾出一个正常的运作空间。

除了冷处理之外，转移压力也是一种比较常见的方式。人们可以想办法将自己无法消化掉的负面情绪转移到其他事情上发泄出来。例如，运动、阅读、购物，这些都可以帮助人们减轻压力。对高情商的人来说，生活本身就带有娱乐和解压的功效，因此，他们能够充分利用各种生活方式来缓解压力，转移压力。

不仅如此，他们会保持良好的心态面对负面情绪，并认为这是表达自我情感的需求和主动权。只不过，他们从来不会任由这种需求来操控自己的选择。

五、高情商的最佳策略是保持真诚

每个人都有多种不同的特质，但究竟哪一种特质更受人欢迎呢？为了解开这个谜题，1968年，国外一些心理学家开始了一项大调查。他们在一万八千个形容特质的词中，特意选出五百五十五个主要用于描述个人稳定特质的形容词，然后让大学生按照自己的喜爱程度进行排列。结果在排名前十的形容词中，“真诚”排名第一，“诚实”排名第二，“忠贞”排名第四，“老实”排名第五，“可靠”排名第六，“踏实”排名第八。可以说这些词都和“真诚”有着密切的关联，也证实了“真诚”这一特质在人们心目中的受欢迎程度。

不仅如此，心理学家还调查了人们最讨厌的特质。结果排名前十五的形容词中，“不值得信任”排名第二，“不诚实”排名第三，“不说实话”排名第七，“不可靠”排名第八，

"虚伪"排名第十一，"说谎"排名第十二。

而这份调查在中国展开时，情况也差不多，人们对真诚的人向来存有好感，更喜欢和这样的人接触和交往。也正因为如此，真诚常常被当成高情商的一个重要表现。很多心理学家甚至认为："在周围人都很聪明的情况下，所谓情商高，或者说和人相处的最优策略，是诚恳。"在多数情况下，保持真诚是最佳的社交策略，或者说高情商的一个重要表现就是保持真诚。因为人与人在交往的过程中，往往非常看重对他人信息的把握，这是社交安全感的一个来源。如果人们能够更好地了解他人，掌握更多真实的信息，那么在社交中将会更放心。

当一个人表现得足够真诚时，人们会感受到这份善意、这种豁达，会意识到这个人行事简单。而行事简单的人往往让人可以预知，他们是什么性格的人，将会有什么行动。了解对方的做事方式、处事原则，就可以知道对方一般会怎么做，以及什么事情不会去做。

高情商的人总是会想办法营造一种让自己和他人都感到舒适的状态。而保持真诚可以有效营造良好的沟通氛围，并且简化沟通的方式，使人们不需要相互猜测，不需要过多地使用技巧和策略来了解他人的想法。真诚是一种正面社交模式，它往往会收到正面的、积极的反馈。

比如，有两个人准备向朋友推销自己公司的产品，第一个人每次都会刻意设置一些聚会或者其他活动。每次一聚会，他就迫不及待地推销产品，而且经常将产品夸得天花乱坠。这样的举动让朋友感到不满，他们非常反感这种以聚会为名，推销产品的做法。

第二个人也希望向朋友推销自己公司的产品。每一次他都会直接推销自己的产品，不会强迫朋友购买自己的产品，也不会夸大自己的产品功效，总是实话实说。这样的表现让朋友们感到非常舒适，他们为了帮助他提升工作绩效，经常会购买产品，而且还会推荐朋友购买。

高情商的人更加喜欢以真诚的态度与人交往，他们会将复杂的不可捉摸的社交文化简化成一种更为密切的值得信任的交往模式。在这个简化版的沟通体系中，沟通双方之间没有太多复杂的暗示或者猜测，一切都以最简单、最明了的方式进行，让对方能够感受到诚意和善意。

马云是一个情商很高的企业家。不管和谁在一起，和谁进行沟通，他都可以体会到他人的感受，能够依据他人的想法和需求找到最佳的谈话切入口，然后进行愉快的、顺畅的深入沟通。相比其他人，马云总有办法突破和打开他人的防御机制，走进他人的内心深处。

有一次马云去香港发表演说。在演说之前，同事们就提醒马云不要说教，因为香港的年轻人并不喜欢这样。马云上台后直接说了这样一段话："我讲的不一定是对的，但我希望我讲的能给大家一点儿思考，我同事已经在我上台前不断提醒我别教训香港年轻人，香港年轻人不要听你的教训。我自己觉得我是一个创业十五年有很多的经历的人，更像一个大哥在创业了十多年经历了很多挫折以后，跟大家分享一些我的看法。"这种真诚的表达让在场所有人起身鼓掌，他们都觉得马云更像是一个可爱的互联网教父。

著名的心理学家包约翰曾写过一本书叫《为什么我不敢告诉您我是谁》，在书中他特意提到了沟通的五个层次：

第一个层次是例行公事一样地打招呼，像"最近还好吗？""吃过饭没有？""你准备去上班吗？"这一类谈话方式都属于打招呼的形式，但并没有实质性的内容，只是单纯的一种礼貌性问候。

第二个层次是陈述他人身上的一些事。这类沟通通常以第三者的谈话为引子，通过第三者的表述引申出相关事实，可以有效避免因为评论他人而产生矛盾。

第三个层次是提出意见和判断。这一类表达方式往往以满足他人的需求为主，给予他人自由表达以及提出不同意见和想法的权利，并且在表达时尊重他人的想法。

第四个层次是表达感受与情绪。人们可以主动分享隐藏在意见和判断内部的一些个人感受和情绪，主动表达自己的感情，并努力让对方感受到自己的价值。

第五个层次是坦诚沟通、形成默契。在这一层次中，人们需要主动告诉对方自己在想些什么，然后利用真诚的态度来说服和打动别人。即便发生了分歧，双方也能够回归到事实层面上来解决问题。

对人们来说，坦诚沟通的态度就是高情商的一种表现，而真诚的第一步就是说真话。人们可以将自己内心的想法和立场表达出来，可以直接表达自己对相关事件的看法，说出自己的一些看法和建议。除了表达那些真实的感受之外，真诚的人还会将一些对方不知道或者容易误解的事实陈述出来，避免引发误会，而这些都可以让双方保持一个和谐的沟通状态。

六、保持独立意识，不盲从他人

1890年，心理学家威廉·詹姆斯在《心理学原理》一书中提到了“自我”的概念。之后一百多年时间里，心理学家对这个概念进行了深入分析和拓展，其中黑泽尔·马库斯提出了“独立型自我”和“依赖型自我”的概念。按照马库斯的说法，依赖型自我的人往往喜欢依赖群体生活，他们在生活和工作中总是离不开其他一些非常重要的人。他们往往更加倾向于群体生活，而且在群体生活中必须适当压抑自己的个性，约束自己的某些独特品质，甚至确保自己的立场和原则能够迎合群体内其他人的观点。在很多时候，为了营造一种更加和谐的氛围，他们不得不牺牲自己的想法。又或者他们会因为过于迎合其他人，而导致自己缺乏立场和独立判断、独立分析的能力，遇事只会盲从其他人。

独立型自我的人更加倾向于自我思考、自主分析和判断。他们做事的时候带有比较明显的个人主义特征，通常会独立地看待某一件事，并且想办法独立解决这个问题。这种类型的人往往具有自私、自信、充满创造性、充满独立精神的一面，他们是那种依靠自己来解决问题，并且对自己的能力充满自信的人。在遇到事情时，他们不喜欢盲从他人，也不会轻易受到他人观点和立场的影响，自始至终都认为自己才是解决问题及获得成功的关键。

依赖型自我和独立型自我的人都各有优缺点，而高情商的人往往会将这两种特质完美结合起来，他们在为人处事的时候更加老练、更加睿智。在遭遇问题的时候，他们会尊重他人的想法，有很强的集体主义精神和团队协作意识。与此同时，他们也会保持独立意识，不会轻信他人，轻易被他人的观点胁迫，也不会被他人情感绑架。保持独立意识与团队合作意识并不冲突，可以说想要最大限度地发挥出集体主义的价值，每一个群体内的参与者都需要保持独立思维，做好本职工作。

许多人会认为高情商的表现就是迎合他人、依赖他人，就是想办法让所有人都感到满意，甚至不得不牺牲自己。这样的理解显然是片面和狭隘的，真正高情商的人必定有着完善的人格，有着自己的一套成熟的思维和情感模式。他们善于保持人际关系的和谐与平衡，但并不会盲从他人，完全被外界环境牵着走。他们拥有自己的思想、判断和分析模式，也掌握自己的决定权。

马歇尔·卢森堡在《非暴力沟通》中强调："个人成长一般会经历三个阶段。第一个阶段是'情感的奴隶'：我们需要为他人负责，让他人快乐是我们的义务。第二个阶段是'面目可憎'：为他人的情绪负责，牺牲自己去迎合他人，这会让我们觉得很憋屈、很愤怒，因为我们不再愿意为他人负责，但是我们还心存疑虑，所以态度会变得生硬。第三个阶段是'生活的主人'：我们开始认为帮助别人是一种自由的、快乐的行为。帮助他人，是出于爱，而不是出于恐惧、内疚或惭愧。我们对自己的意愿、感受和行动负有完全的责任，但我们不能对他人负责。"

每个人都应该对自己负责，对他人负责。而负责就要承担起思维上的责任，就需要以最理性、客观的方式去思考问题、解决问题，避免出现最坏的结果。高情商的人不会主动迎合他人，而是在彼此之间建立一种平衡与和谐的关系，以获得一个大家都可以接受的结果。在这个过程中，保持主观意见和独立的思维很有必要，它是人们养成对事件负责的态度的一个重要信号。

有个企业家表示，每次公司做重大决定的时候，其他人都会跟着应和、投票，根本不做任何深度思考，也不会按照自己的理解和意愿行事。他们缺乏独立思维，也没有真正的集体意识，只是单纯看谁的观点最受欢迎，或者谁和自己最亲近，他们更像是形势上的观察者。这种没有独立思想的做法让他倍感挫折，觉得自己的团队成员对工作漠不关心，对自己的权利视若无睹，对他人也没有丝毫的尊重。

有人也曾表示，自己结交的很多朋友都缺乏主观意识。每次做了什么决定，其他人都会说好，没有人提出不同的意见，也没有人在乎决定是对是错。对这些朋友而言，他们能做的就是顺着说话，以免引起尴尬，他们甚至都不知道这些决定究竟所为何事。在面对这样的朋友时，他感到非常不安。

当人们过于迎合他人时，往往会给对方带来一种不适的感觉。这种感觉就是潜在的破坏因子，会对彼此之间的信任产生影响，很多人都不太喜欢和那些没有主见的人打交道。因此，人们需要培养自己的独立意识，让自己的思维和行为获得独立，确保自己能够更合理地尽到自己的责任，可以保持自己的生活和工作优势。

那么该如何培养独立意识呢？首先要积极地进行独立思考。在面对某一事件或某一话题时，人们需要多问自己几个问题："这件事情究竟是因为什么引起的？""如果换成是我，应该如何去做？""别人的想法是怎样的，他们为什么会这么想？""这种事会产生什么影响？"……人们可以对有关事件进行全方位的思考和分析，找到其中的影响因素，这种思考和分析本身就能帮助自己实现独立。

其次，人们可以尝试独立解决问题，不要总是将希望寄托在他人身上，按照他人的想法和指示行事。凡事可以尝试独立执行，不到万不得已的时候，不要求助于人，这样就能够有效提升自信心和独立意识。

独立的人往往具备强大的自我意识和自信。但他们不会将独立当成自负，将独立当成排斥他人的理由，而是将独立意识当成社交的一个基本原则。这一原则会展示出自己更好的形象，也会给他人带来更多的安全感。

第三章
保持善意，打造良好的社交形象

一、给予他人积极的语言暗示

在日常交际中，人们通常都希望获得他人更多的认同和赞美，希望他人对自己有更积极正面的评价，获得更好的印象。为了达成这些目标，人们会不自觉地拿出最佳的状态来表现自己，想方设法地给自己的形象加分。许多人认为这是自我提升和表现的一种心理需求，更确切地说，“期待着给他人留下更好的印象”涉及自我价值。

他人的认可和赞美是对自身价值的一种心理支持。从心理学的角度分析，多数人的自我价值都不是建立在自我认知和定位的基础上，而是建立在他人评价的基础上的。他人如何评价自己，他人眼中的自己是什么样的，将直接决定人们对自身价值的认定。换句话来说，人们非常在意他人的看法，并通过他人的评价来形成自己的形象设定。

也正是因为如此，人们会更加在意他人的想法。从这个角度出发，如果一个人打算赢得他人的好感，那么一定要帮助对方建立起更高的自我价值，让对方尽量获得更为积极的、友好的评价，这对对方的心智成长和对外交往都有很大的帮助。高情商的人往往会通过一些赞美或者更为积极的语言暗示来提升他人的自我价值，从而为双方之间社交关系的展开做好铺垫。

著名的成功学导师拿破仑·希尔幼年丧母，一直都生活在父亲严苛教育的阴影之下。因此，他的性格变得非常叛逆，经常做一些恶作剧以获得他人的关注。他成了父亲眼中的问题孩子，经常遭到父亲的责骂和讥讽。

某一天，父亲带着即将迎娶过门的第二任妻子回家，其余几个孩子在继母面前表现得非常礼貌，继母也和他们一一打招呼。只有拿破仑·希尔的态度非常冷淡，对这个新加入的家庭成员漠不关心。孩子这样不懂事，父亲非常生气，于是在介绍拿破仑时，直接指着他的鼻子说道："这就是拿破仑，是希尔兄弟中最坏的一个。"

面对父亲的嘲笑，拿破仑的脸上毫无表情，他早就对父亲的评价习以为常，并且觉得自己也没有必要在继母面前遮遮掩掩。可就在这个时候，继母伸出手轻轻托起了拿破仑的下巴，然后用非常温柔的声音说道："这是最坏的孩子吗？完全不是。他恰好是这些孩子中最伶俐的一个，而我们所要做的，无非是让他的伶俐品质发挥出来。"

正是这句话改变了拿破仑的一生。他此前从未获得过任何人的赞美和激励，无论是父亲，还是其他兄弟姐妹，都将他当成一个不懂事的捣蛋者，一个没出息的顽劣之徒。来自外界的这些评价极大地降低了他的自我价值和形象分，而他自己也变得破罐子破摔。遇到继母之后，继母一直都给予他更多的赞美和一些积极的暗示，这让他重拾信心，并且为之后的成长奠定了良好的基础。

相比那些喜欢打骂和用棍棒教育的家长，拿破仑的继母无疑做了更好的示范。她能够把握住孩子的心理和一些人际交往的心理策略，因此可以形成更好的沟通力和影响力。在日常交际中，人们总是更想接近那些能够赞美自己、认同自己的人，总是倾向于接受那些愿意给予自己一些肯定的人。因此，那些经常给予他人积极暗示的人，往往更能处理好与其他人之间的关系。

高情商的人往往都非常擅长赞美他人，他们会挖掘和把握他人身上的优点，而且是比较明显的优点。一个人的能力、德行、价值观都是赞美的目标。当然赞美必须实事求是，不能歪曲事实，要针对对方现有的优点及能力赞美，不要过分夸大对方的价值和业绩。一些不存在的优点没有必要去说，没有必要编造谎言去赞美一个人，也不要试图去美化他人的缺点。此外，许多人为了赢得他人的好感，不仅会赞美对方的为人，还会连不认识的对方的家人一同赞美，这样就容易失真。因此，如果没有必要的话，赞美他人时不要爱屋及乌。

除了赞美之外，积极的语言暗示还包括了一种积极乐观的评价，这些评价主要以鼓励为主。比如，当某个人陷入悲观的情绪中时，高情商的人可以对他进行鼓励，带动他的情绪，让他产生更加积极的想法。鼓励往往带有正向的引导性，可以带给他人更多的力量，让对方摆脱负面情绪的干扰。善于鼓励的人往往可以成为他人人生的导师、精神的向导。相比赞美者，他们更具影响力。

有个学校由于生源不足，于是降低录取学生的门槛，结果一大批成绩很差的学生进入学校。这些学生并不都是所谓的问题学生，也不都是一些捣乱分子，但他们的确在学习方面欠缺良好的表现。这种情况下，校长想出了一个办法。他直接在新招收的两百名学生中挑选出成绩稍微好一点的五十名学生，然后组成了一个班级。校长告诉这五十个学生，他们是学校特别看重的被认为是有潜力的学生，学校组织五十人成立一个荣誉班级，为的就是对他们进行重点培养。

学生们听到这番话后大受鼓舞，觉得自己受到了校长和学校的关注，相信自己确实拥有潜力和天分，于是激发出了很高的学习积极性。结果这个五十人的班级真的成了学校里的“荣誉班级”，校长也因为善于鼓励学生而受到全体师生的喜爱。

一般来说，人们会依靠外界的评价来认识自我。每一个人都希望获得外界更多正面的、富有能量的评价，这是他们进行自我定位的主要依据，也是他们强化自我认知的一种重要方法。这样的评价往往能够强化彼此之间的社交关系，让沟通双方的关系更为密切。

二、不轻易评判和否定他人

在日常生活中，人们在其他人出现一些不合理的行为，或者因为某些行为而导致出现不合理的结果时，往往会对这些人进行否定和批评：“我觉得你的想法有问题”“这件事一定是你出了错”“你这种想法无疑会害了所有人”，此类的表达很常见，但这一类表达通常都会引发他人的不满。

当问题出现的时候，人们总是习惯批评他人，并直接否定他人的行为，这是责任分配中最常见的一种形式。很多时候，人们会依据自己的经验或者学识来评判一个人的行为，并且妄下定论。这些定论往往带有很强的主观色彩，并不一定符合实情。此外，过于直接的表达无疑会让对方感受到敌意和威胁，对方会觉得你的评判是一种充满伤害和攻击性的表达。哪怕对方真的做了一些不合理的行为，也有可能导致误会和冲突的产生。

一种更为理智的做法是，评判者在对相关事件做出一些评判时，应该先尝试着问自己一些问题："我是否了解事情的真相？""我是否对这个人怀有成见？""考虑到他的做事动机，这件事究竟是对是错？""换位思考，我是不是也会这样做？"

1935年，美国纽约的一家法院对一桩很普通的偷盗案进行判决。接受审判的是一位年近六旬的老人，她在一家面包房里偷了几个面包，然后被面包房的老板直接起诉到了法院。法官在弄清楚事情的来龙去脉之后，对老人做出了十美元的判罚，要么就面临十天的拘役。老人满脸惊恐和羞愧，她告诉法官，自己偷面包只是为了养活三个失去父母的孙子。如果自己有十美元的话就不会去偷面包了，但如果选择拘役的话，自己三个可怜的孙子也许就会因为没人照看而饿死。

正当所有人都在窃窃私语时，时任纽约市市长的拉瓜迪亚从旁听席站了起来，他对着老人鞠了一躬，恳切地说道："请您接受十美元的判决。"他从口袋里掏出了十美元放到帽子里，然后对着法庭里的所有人说道：“现在，请诸位每人交五十美分的罚金，为我们的冷漠付费，以处罚我们生活在一个要老祖母去偷面包来喂养孙子的城市。”在场的人包括法官都很震惊，于是纷纷站起来缴纳五十美分的罚金。

依靠主观思维和经验去评判他人以及他人的行为，往往会引起很多误会，也容易让人们失去真正了解他人的机会。相比直接做出判定，保持客观和理性更为恰当。比如，很多高情商的人会在保持客观的同时注意评判的弹性，以免引起不必要的矛盾冲突。

有家公司的老总在和朋友交谈的时候大吐苦水，因为最近公司里有很多员工提出了加薪的申请。但实际上，早在去年十月份的时候，他已经一次性提升了百分之二十的薪酬，这一次员工希望再次增加百分之十五，这无疑会给公司增加很大的财政负担。老总直接吐槽这些员工太过贪婪，他打算在内部开一次会，当面提起这些事情，并且正式地拒绝。

朋友听完之后，很同情这位老板的遭遇，但他并没有直接对员工的“不合理”行为进行批判，而是非常理性地给这个老板提出了几点建议：第一点，先看看公司从去年十月份到今年十月的产值，弄清楚企业的利润在增加还是在减少。对这些要求增加工资的员工做一个调查，看看他们过去一段时间的工作记录和绩效，看看他们是否在创造和增加公司的收益。增加的比例是多少，是否和同一时间段公司的盈利成正比。第二点，对员工的工作能力进行分析，然后预算下，如果开除这些员工，公司会受到什么影响，整个产值和效益是否会下滑，下滑的幅度有多大，公司是否找到了合适的替代者，招聘以及培养这些替代者需要花费多大的成本。

朋友的表达很明确，就是希望老板不要意气用事，不要急着去否定和攻击员工，而应该先对相关的情况做一个调查。了解下员工提出增加工资的请求是否合理，他们是否真的有能力为公司创造更大的效益。如果公司真的获得了很大的发展，那么员工们提出申请也是理所应当的。老板听了朋友的话后恍然大悟，于是决定按照他说的进行调查和分析，结果发现从去年十月份到今年十月份，公司的业绩增长了百分之三十，而那些提出申请的员工的业绩更是提升了百分之四十五。由此可见，员工提出的要求并不过分，而且对公司的整体运作不会有任何负面影响，从长远来说，反而更加有利。

除了注意保持弹性，避免直接做出判断之外，在遇到分歧时，人们可以适当采取“三明治”沟通法，这种方法的基本模式为“先甜后苦再甜”。简单来说，当人们意识到他人和自己意见不合，或者在某些问题上存在一些分歧和冲突的时候，不要急于争辩或者否定对方，可以尝试做一些积极正面的回应。比如，称赞对方的思维和想法，称赞对方提出这些观点的勇气，又或者对对方谈话中某些积极的内容给予肯定。接着，人们可以提出自己的观点，并恰当地指出对方谈话中的某些不妥之处，或者阐述自己对他人某些谈话内容的不赞同。达成一致意见之后再强调双方合作的价值，自己对对方能够提出不同的意见感到开心，这对彼此之间的深度交流及思想的完善很有帮助。

某人与合伙人在一个很重要的投资项目的策划上产生了分歧。他认为自己的策划方案最合理，可以帮助公司提升一半的收入，而且这种策划方案的相关流程比较少，完全适合这一次的投资项目。而合伙人却觉得自己的方案更合适，因为自己的方案更为稳妥，可以降低投资风险，这对公司来说才是最重要的。合伙人要想说服对方，就可以选择“三明治”沟通法，先赞美对方的设想，以及方案中的高收益，给予对方必要的尊重。然后指出对方的方案有过高的风险，而且投资成本也会增加不少，这不符合目前的预算。最后合伙人表态公司可以采取更加稳妥的方式，适当采取对方方案中一些好的建议。

印度哲学家克里希那穆提说过：“不带评论的观察是人类智力的最高形式。”无论是换位思考，保持客观和弹性，还是采取“三明治”沟通方式，本质上都是为了在表达的时候，给予他人最基本的尊重，避免激化潜在的矛盾，从而确保双方可以在一个相对温和的情绪状态下进行沟通。

三、包容他人的错误，接纳不同的想法

在社交中，人们通常不会有意识地考虑运用哪一种策略来改善彼此间的关系。多数时候，人们所谓的社交行动和原则都只是一种对他人行为自然而然的反应。理智和情感往往会相互争夺主导权，有时候理智占了上风，有时候情感会压制理智。尽管人们经常会觉得自己的策略经过了深思熟虑，但结果往往会失效。因为人们常常会忽略一点，那就是人与人之间本身就不同，无论是想法和立场都会出现差别，这些差别就是矛盾产生的原因。

由于差别的存在，人们会不自觉地将自己的利益夸大，将自己的观点进行夸张处理，为的就是说服对方。而一旦参与沟通的双方都抱有这种想法，恐怕就没有人能够在沟通中形成真正统一的观点了。

詹姆士·哈维·罗宾森教授曾经在《下决心的过程》一书中，重点谈到了人与人之间出现不同观点的问题："我们有时会在毫无抗拒或被热情淹没的情形下改变自己的想法，但是如果有人说我们错了，反而会使我们迁怒对方，更固执己见。我们会毫无根据地形成自己的想法，但如果有人不同意我们的想法时，反而会全心全意维护我们的想法。显然不是那些想法对我们有多珍贵，而是我们的自尊心受到了威胁……'我的'这个简单的词，是做人处事关系中最重要的，妥善运用这两个字才是智慧之源。不论说'我的'晚餐，'我的'狗，'我的'房子，'我的'父亲，'我的'国家或'我的'上帝，都具备相同的力量。我们不但不喜欢说我的表不准或我的车太破旧，也讨厌别人纠正我们对火车的知识、水杨素的药效或亚述王沙冈一世生卒年月的错误……我们愿意继续相信以往相信的事。而如果我们所相信的事遭到了怀疑，我们就会找尽借口为自己的信念辩护。结果呢，多数我们所谓的推理，变成找借口来继续相信我们早已相信的事物。"

从心理学的角度分析，每一个人都希望维持自己的形象。这种形象不仅仅包括外在的形象，也包括个人表达时所传递的知识、经验以及个人的生活层次等相关信息。为了让自己在群体中更具说服力，更加有话语权，人们通常都愿意相信自己的话是正确的，并迫不及待地压制其他人的想法。这是人们身上具备的排外性和过度自我的一个常见表现。过度自我的人往往不愿意赞同他人的观点，任何质疑和不同都可能会引发一场激烈的纷争。

产生分歧是沟通过程中的一个常见现象。它不仅出现在陌生人之间、竞争对手之间、上下级之间，还经常在亲人、朋友以及合作者之间出现。从交流的层面来说，这是一种思维碰撞的必然结果，是一种深度交流的模式。但分歧的存在往往会产生一些负面的影响，导致双方的关系受到破坏。所以抑制负面情绪的一个关键方法就是保持包容心，包容不同的想法。

而保持宽容，首先就需要对自己的错误认知进行改正。在现实生活中，恐怕多数人都会将“不合”与“不和”混淆在一起，“两个人观点不合”往往会被当成“两个人关系不和”。因此，他们会觉得一旦两个人的观点不同，立场也不一致，那么就没有继续谈下去的必要，因为好的关系必须是没有分歧的。但观点的不合不一定就会影响彼此之间的关系，良性的关系本身就需要进行思维碰撞，进行深度交流，以吸收不同的养料。因此，要改变那种“说不到一起就不是朋友”的错误认知，尽量以包容的、纯粹的思想交流的心态来面对彼此之间的分歧。

比如，在Facebook公司内部，扎克伯格和雪莉·桑德伯格经常会因为工作当中的一些分歧而产生激烈的争执。扎克伯格在工作中有些过于自我，并不太容易被他人说服，而雪莉·桑德伯格也是一个很有主见的人，通常都会毫不留情地指出扎克伯格身上的错误。她不是那种会当面说好话的人，经常有一说一，有二说二，这样的脾气难免会让她与扎克伯格相处时产生一些冲突。但几乎每一次扎克伯格都会向雪莉·桑德伯格妥协，毕竟雪莉·桑德伯格拥有非常辉煌的人生履历。她曾经在谷歌公司担任要职，能力非常出众，因此扎克伯格千方百计将她挖到公司里上班，并且对她非常信任。当双方产生分歧和争吵时，雪莉·桑德伯格会表现得非常强势，甚至会大发脾气，而此时的扎克伯格会温柔地说："你还好吧？要我抱你一下吗？"正是这种宽容心和包容精神，使得雪莉·桑德伯格在工作中做得越来越出色，而她与扎克伯格的关系也越来越好。

很显然，人们需要改变自己的思维，尤其是在一个追求合作的时代环境下。人们更需要保持宽容，意识到多元化文化和价值观的存在，并尊重这种存在。在日常生活和工作中对他人的言行保持宽容，对他人的思维方式保持宽容。正如同梁实秋先生翻译的马可·奥勒留的《沉思录》中的那段话："每日清晨对你自己说：我将要遇到好管闲事的人、忘恩负义的人、狂妄无礼的人、欺骗的人、嫉妒的人、孤傲的人。他们所以如此，乃是因为不能分辨善与恶。但是我，只因已了悟那美丽的'善'的性质，那和我很接近的行恶者本身的性质——他不仅与我在血统上同一来源，而且具有同样的理性与神圣的本质，所以我既不会受他们任何一个的伤害（因为没有人能把我拖累到堕落里去），亦不会对我的同胞发怒而恨他；我们生来是为合作的，如双足、两手、上下眼皮、上下排的牙齿。所以彼此冲突乃是违反自然的，表示反感和厌恶便是冲突。”

四、少说不同点，多说共同点

在日常生活中，许多人动不动就喜欢搬出立场，拿彼此之间的不同说事。他们容易夸大这些不同点，甚至将其转化成立场问题和原则问题，而一旦上升到立场的层面，简单的差异也会被放大，这是因为双方缺乏更为合理的沟通。但没有人会在同样一个问题上保持绝对一致的思想和立场，除非是一种盲从的状态。考虑到每一个人的思维方式、做事方式、考虑问题的视野、思维的层次、目标取向、做事的动机、所扮演的角色和所处的社会地位都不同，想法完全一样的两个人几乎是不存在的。正因为如此，人们免不了会在各种交流和沟通场景中与他人发生不同程度的摩擦，这些摩擦既是展示自身形象和价值的需要，也是推动人际关系进步的前提。如果过分坚持立场，强调彼此之间的不同，可能会将矛盾激化，将简单的分歧复杂化。

从心理学的角度来说，经常强调不同点的人具有两种心态。

第一种是有很强的个性表现的需求。这种人往往专注于如何体现自己的个性，如何在群体中表现得与众不同。他们非常在意这一点，并且会想办法提升自己的“非凡形象”。有时候甚至刻意与其他人保持距离，与其他人划分界限，或者行动上更为标新立异。但过分追求个性的人容易与群体内其他成员相互脱节，导致自身的生活、工作以及社交受到很大影响。

第二种心态是专注于不同点的人往往在于自身需求得不到满足。他们所有的感受并不是因为他人的行为所带来的刺激，而是因为自身的需求没能得到满足。这个时候他们会反复强调不同点，以此突出自己的不满，并且期待着让对方注意和妥协。一般情况下，对他人肆意进行批评、点评、指责都能够反映出自己的思想、价值观和内心诉求。

这是一个两难的境地，因为他们通常都会担心直接说出自己的需求时，如果被人拒绝，就会陷入更为尴尬的处境。因此，他们会想办法进行各种提示。但这种通过强调不同点来做出隐晦提示的做法，有可能会进一步扩大彼此之间的分歧。更为巧妙的方法是先谈论彼此之间的共同点，通过这些共同的话题和共同的特质来拉近彼此之间的关系，强化彼此间的社交联系，慢慢建立起互信的基础，然后再想办法阐述各自的需求。

从沟通的角度来说，人们通常都喜欢他人说一些自己在乎或感兴趣的话题，他们对一些在自己兴趣之外或者和自己无关的话题就会表现出不耐烦。这种情况在生活中随处可见，很多老师在授课时喜欢谈论一些枯燥的理论知识，并且经常会在这一方面展示自己强大的功底。但对学生来说，他们更加喜欢活泼的、故事性比较强的表达方式。这种不同点很容易引起双方在教学方面的分歧，学生会对老师的授课方式及授课内容失去兴趣。同样地，在面对家庭主妇的时候，很多人喜欢谈论事业、时事政治，但家庭主妇最大的话题往往会集中在家庭和孩子身上：给孩子准备什么吃的，给孩子购买什么玩具，丈夫的事业，家里准备什么食物和菜肴。

善于交谈的人往往会照顾他人的兴趣和想法，了解他人的需求，然后有针对性地发起对方感兴趣的话题。而不是直接自说自话，盲目强调自己与众不同的一面。他们非常善于利用彼此之间的共同点作为话题，而且非常善于挖掘这些共同点。比如，美国总统罗斯福在会见客人之前总是会花费时间了解对方的职业和爱好，了解对方的需求，然后寻找相关内容的资料来充实自己。这样一来，当双方正式会面的时候，他就可以侃侃而谈，谈论对方感兴趣的那些东西。这也是很多人都喜欢和罗斯福交流，并且认为他为人亲和、学识渊博的原因之一。

多说一些共同点，是一个重要的表达方式和沟通方式，尤其是在陌生人之间，它具有强大的凝结作用和黏合作用，能够帮助不同想法的人更好地交流。共同点一般分为以下三种形态：

第一种是共同的兴趣爱好，即双方有什么共同的习惯、共同喜欢去做的事情、共同喜欢的食物和音乐等。共同的兴趣往往更加生活化，具有很强的互动性。很多人想要认识新的朋友，那么最好的方式就是谈论彼此之间共同感兴趣的东西，如运动、食物或者炒股。即便双方是不同职业、不同社会层次和地位的人，仍旧可以在一些共同的兴趣爱好中找到建立进一步关系的基础。

第二种是共同的话题。这里的共同话题是指双方都和某一件事有着重要的联系，或者双方都是某一件事情的参与者，这样一来，彼此在交流的过程中就有了共同的话题。比如，运动员之间会对运动这一话题进行交流；美食家会针对美食进行交流；汽车爱好者会针对各种汽车进行交流。有时候，即便是不同类型的人，也可能会因为共同话题而进行深入交流。比如，医院里有很多患者来自社会各个阶层，从事各个不同的行业。但因为疾病，他们可能会产生更多的交流。

第三种是共同的目标和利益。简单来说，就是沟通双方可能不是同一个社会阶层的人，甚至存在很大的分歧。但双方之间有共同的目标和利益，因此很容易在交谈中建立起更加稳固的关系。一些合作者很容易产生意见上的分歧，但由于双方都想要实现共同的目标，因此，他们能够有效地将分歧控制在合理范畴之内，确保双方之间的关系不会闹僵。

对人们来说，如果想要在生活中保持良好的沟通氛围，就应该掌握一些沟通技巧。少说不同点，多说一些共同点，可以有效地提升沟通的效率，确保双方的情绪都可以得到有效的控制。

五、面对拒绝，保持风度

作家史蒂芬·柯维在《高效能人士的七个习惯》一书中谈到了“90/10法则”。他认为生命的百分之十是由个人的机遇决定的，而剩下百分之九十则由个人的反应和态度决定。按照这个理论，人们在遇到困难的时候，不能总是抱怨，因为这些困难的出现有一部分是人生际遇不好的表现，是无法凭借人力去轻易逃避的。而人们能做的就是调整心态，让自己去适应这一切，想办法解决这些问题。

有人上班途中突然遇到堵车；有人明明有急事却遇上飞机晚点；有人一直想努力挣钱，但随着年纪越来越大，越来越力不从心。这些是生活中无法改变的事实，既然已经发生，那么最好的方式不是去抱怨，指责和唉声叹气，而是对自己的态度进行调整，以更好的心态和情绪面对这一切。

在社交中，这一类事情更为常见，人们总是急于对他人的表现做出反应，急于抱怨那些不和谐的社交场景。比如，当人们有求于人却遭到对方拒绝的时候，很多人可能会愤怒地抱怨，认为对方不够意思，认为对方轻视自己，认为对方有意针对自己。但是，从另外一个角度来说，拒绝及被拒绝是生活中很常见的情况。人的一生中不可能事事如己所愿，事事都称心如意，总有一些时候会碰钉子。而这个时候，想办法缓和气氛，让自己保持更好的风度和个人形象才是最好的一种选择。

有个企业家和客户谈生意，在介绍自己的产品及发展的设想时，对方只听了五分钟，就表示有事要办，并且会考虑这个合作项目。一般人都能听出来这是一句托辞，对方对这一次的合作根本不感兴趣。

考虑到这已经是最近一个月内拒绝他的第十七个人了，他略微有些沮丧，但还是保持风度地握着客户的手说："真是不好意思打扰您这么长时间，无论最后的结果怎样，您都是过去一个月当中唯一一个愿意听我讲五分钟的人，我应该感谢您能够给我这样的机会，您的态度让我很受鼓舞。"客户离开之后，觉得有些内疚和不安，于是晚上又打了一个电话给这个企业家，表示下次有时间约个地方好好谈一谈合作项目的事情。

有个创业者一直想要找一个好的工程师，他不惜花费重金邀请那些在海外公司有过工作经验的人。有一次，他在朋友的介绍下认识了一位曾在谷歌公司工作过的华裔，于是提出愿意以高出谷歌公司一倍的工资聘用对方，可是对方非常直接地说："我曾看过你的公司及发展规划，觉得你不是一个专业的人，而且你的公司发展规模太小，恐怕不适合我。"一般人听到这样的话，往往会非常生气，这位工程师可以说把创业者和他的企业都批评了。但创业者却并没生气："谢谢你能够坦白地告诉我这些问题，能够坦白地说出对我们公司和我本人的看法。你的建议对我这样的创业者来说非常重要，对公司未来的发展也会有很大的帮助，而我也真正意识到公司的发展需要更多像你这样出色的人才。"

在上面两个案例中，无论是企业家还是创业者，都很好地保持了风度。他们在面对拒绝的时候，并没有将其当成一次灾难，急于表现自己不满和失落的情绪，而是巧妙地将这些情绪转化成一种赞美，转化成对他人的理解和尊重。而这往往会化解尴尬，将双方之间原本尴尬的气氛转化成一种和谐的氛围。这样不仅有助于提升自己的个人形象，也会为彼此之间的和谐相处奠定基础。

事实上，人人都渴望赢得他人的认同，这是他们展现自我的一种方式。当他们遭到拒绝的时候，内心往往会遭受打击，这种挫折感很容易引起内心的不满和情绪上的波动。而高情商的人善于缓和气氛，控制自己的情绪，并且以得体的方式来处理因为拒绝而带来的冲突。这种高情商往往表现为以下几个方面：

首先，在拒绝行为发生以后，被拒绝的一方要强调一点：拒绝是每一个人的权利，因此我尊重和理解你所做出的决定。这种表达的重点在于主动给对方台阶下，从而避免对方产生内疚或者敌意。拒绝者会觉得被拒绝的人能够理解自己，因此会用同样的态度回应对方，而且下一次可能就不会再拒绝了。

其次，要强调拒绝的行为是非常坦白的，是一种真心相待的举动。被拒绝的人不要将拒绝当成一种敌意和对抗，不要认为这是针对性的报复行动，而要认为这是对方坦白说出心里话的表现，这种坦白比刻意掩饰、虚伪做作的行为更加难能可贵。被拒绝的人应当对这种坦白行为表示感谢，认为只有真诚的人才会说出这样的话。这种情况下，无论拒绝者是出于什么目的拒绝，他的内心都会感到一丝安慰。

再者，要强调拒绝行为中的一些积极因素。比如，被拒绝的人可以说“我能够理解你的想法，也知道你这样是为了我好”“尽管你拒绝了我，但是你说的这番话对我很有帮助，你提出的建议让我非常受用”。被拒绝的人应该尽可能消除拒绝行为带来的不良影响，而重点谈论一些积极正面的内容，让双方的关系变得更加和谐。

对被拒绝的人来说，他们需要克制自己的失落感和挫败感，尽量不要去揣度他人的想法，更不要轻易将“恶意”“针对性报复”“轻视”等标签贴在对方身上。尽量找一种方法来帮助对方解释“为什么拒绝”，这样反而能够因为自己的风度赢得对方的认同。

第四章

善用幽默提升情绪热度

情 商 高 ， 就 是 把 情 绪 控 制 好

一、通过自嘲和自黑来增加亲和力

高情商的人具有一些基本特征，比如，善于说话。他们所说的话让人感到舒服，并且会给整个群体带来更多的愉悦感。而幽默往往是高情商的人所具备的一个重要特征，许多情商高的人都喜欢表现出幽默的一面。因为幽默的谈吐和表现往往最让人放松，也最让人感到舒适，是让整个谈话更加和谐顺畅的保障。因此，幽默的人往往会受到其他人的欢迎，他们也更善于把握好人际关系。

美国人赫伯·特鲁曾经对幽默做出详细的描述和评价："幽默是一种特性，一种引发喜悦，以愉快的方式娱人的特性；幽默感是一种能力，一种了解并表达幽默的能力；幽默是一种艺术，一种运用幽默感来增进你与他人关系的艺术；幽默是人际关系的润滑剂，它以善意的微笑代替抱怨，避免争吵，使你与他人的关系变得融洽，更有意义；幽默可以帮助你减轻人生的各种压力，摆脱困境；幽默能帮助你战胜烦恼，振奋精神，在沮丧中转败为胜；幽默能帮助你把许多的不可能变成可能；幽默比笑更有深度，其产生的效果远胜于咧嘴一笑。当你把你的幽默作为礼物奉献给他人时，你会得到同等的，甚至更多的回报；幽默能使人更喜欢你、信任你，因为他不必担心被取笑，被忽视。所以人们希望与幽默的人一起工作，乐于为这样的人做事，而且希望与一位有幽默感的人成为终身伴侣。总之，幽默是一切奋发向上者身上必不可少的力量。”

而在幽默中，自黑和自嘲是一种有效展示个人幽默形象的方式。相比其他幽默方式，当一个人懂得进行自黑时，他对自我的认知，对人际关系的把握会更健康、合理。自黑的人通过贬低自己的形象来赢得更多人的好感，这种贬低实际上更像是一种积极乐观的自我展示，是对自身缺陷的一种“真情告白”，这种告白具有比较强的情感共鸣。自黑一直都是幽默的人必备的一种人际交往技能，善于自黑的人并不是利用自黑来刻意贬低自己，也不是一种消极的自我评价，而是借助这种方式来降低自己接纳他人的门槛。从表现上来看，善于自黑的人往往不会对他人形成威胁，让他人觉得难以亲近。他人往往会觉得“这个人也和平常人一样，并没有什么特别之处”“这个人比较亲切，没有架子”。可以说，他们身上表现出来的低姿态以及幽默的气质很容易吸引他人的注意。

马云一直都是一个自黑的高手，有一次，他在音乐节上唱了歌，很多网民都对他的嗓音和音准进行了评论。而多数人都觉得马云的歌唱水准有待提升，有很多人还觉得马云不应该上台表演。面对网友的批判，他并没有给予反击，而是在微博上自黑了一把：“这几天一直在看网上对我在音乐节唱歌的各种评价，太逗了（表情符号）有些点评真让我‘绝望’啊……在大家的‘热嘲鼓励’下，第二天我再接再厉，又和一位顶级高手一起为一部电影录了主题曲。我知道自己唱歌节奏‘经常性失控’（没有定力的歌手和乐队会被我带飞），但真正的灵魂歌手呼唤的是感觉，嘶不嘶啊？！

“今年玩得比较疯，唱京剧，演小品，变魔术，跳迈克尔·杰克逊……后面还有一些我自我感觉不错的东西出来，家人朋友们都觉得我‘疯癫’了。不过我发现自己内心深处原来一直活着一个‘爱玩的文艺青年’，这么多年来，我的灵感创意和快乐源泉都来自这个热爱艺术，喜当票友的‘他’……过了五十了，也要给他一个机会释放自我，同时也为我下半辈子找个就业方向，就当小丑登台。喜欢我的人开心，我很开心；不喜欢我的人不开心，我更开心（表情符号）。”

马云的微博很快就赢得了大家一致的认同，连那些之前批评他不会唱歌的人也觉得“这是一个很可爱的人”。

在处理人际关系方面，自黑的确是种高情商的表现。它可以有效拉近彼此之间的关系，还会因为内在的趣味性而赢得更多人的认同。自黑是一种高级的社交方式，对于技巧的把握要求非常高。

人们首先应该找到自己身上的一些缺点，来作为自黑的原始素材。这些缺点可以是外貌、身材、学历、能力，也可以是某一次错误、某一件糗事。一般来说，这些缺点往往比较突出，比较明显，能够被人一眼看出来。

当缺点明确之后，就可以有针对性地进行夸大处理。即对这些缺点及缺点所造成的影响进行夸大，超过现实生活中正常的度。比如，有的人在自黑学习成绩时，会强调自己想要考十分比那些想考一百分的人还要难；在自黑长相时，会强调自己是村子里最难看的一位，就连邻居家里的狗也不想多看自己一眼。夸张是自黑中的一个重要环节，目的就是在事实的基础上进行漫画式的修饰，确保产生更为强烈的幽默效果。

通常来说，夸张处理的过程中最好能够形成比较完整的画面，一些必要的细节描述和一些形象化的表达不可或缺。比如，某个高鼻梁的人在自黑时不要强调自己的鼻梁差不多有十厘米高了，而应该强调“每次想要和别人拥抱时，双手还没伸出去，鼻子已经撞到别人的脸了”。画面感越强，对对方右脑的刺激越强烈，那么对方的情绪就越容易被调动起来。

高情商的人不会千篇一律地拿某一个缺点说事，他们善于挖掘和列举自身存在的各种缺陷，然后有针对性地进行加工，并会寻找一个关联场合表达出来。

二、刻意曲解可以巧化冲突

在日常生活中，许多高情商的人都具有幽默的特质。他们非常善于运用幽默的谈吐来展示自己引人关注且令人愉悦的特质，善于在彼此之间营造一个和谐的沟通氛围。由于每个人的观点和表达方式都不一样，人与人之间难免会出现一些分歧和矛盾。在面对这些矛盾的时候，高情商的人会借助幽默来解除误会，而常用的方法之一就是对相关的内容和意思进行曲解。

所谓“曲解”，是指在某种特定的语境下，根据表达的需要刻意改变句子的原本意义。具体的做法是直接从句子的结构和内容出发，衍生出与原意不同的意思，从而营造出一种意思上的错位。在进行曲解的时候，人们需要把握相关字、词、句的内在联系及文本特征，以扭曲意思的方式在一种并不对称的问答中打造幽默的效果。

比如，有几个好朋友准备去逛夜店，甲向乙发出了邀请，乙表示自己身体不舒服，还是不去了。一旁的丙听了就酸溜溜地说道："唉，有些人懂得自爱，不去那是肯定的了。哪像我们这种人啊。"乙听了立即笑着说："是啊，我比不得你们二位，你们是有人追有人爱，我就惨了，也没人爱我，所以只好窝在家里，自己爱自己了。"

丙的意思是"乙爱惜自己的身体和名誉，不会去夜店这种看起来不正经的地方"，同时间接地指责乙看不起逛夜店的人。这样的表达会让他人觉得乙不合群，看不起这些朋友。乙则将"自爱"的意思分开来解释，变成"因为没人爱，只好爱自己"。这样的解释不仅化解了误会和尴尬，也在自黑的同时赞美对方受人欢迎，因此朋友听了心里也会很舒服。

这类曲解法在社交中很常用，主要是通过拆字法来进行解释。将一个完整的词汇或者句子拆开，然后分别对每一个字进行解释，最后将所有的意思合成一处。众所周知，很多词汇的意思并不是单个字意思的合成。很多时候，词汇的意思与单个字的意思并不相同。就像"可爱"一样，在网络上可以理解成"可怜没人爱""可以去爱""可能相爱""真正可怕的是，爱上了你""可以谈恋爱"等多种解释，这种打破词汇和句子结构的做法往往会产生一些幽默的效果。

还有一些方法同样有效，比如，很多人会对句子内容所表达的意思进行曲解，衍生出一个新的完全不同于原意的意思，从而打造强大的趣味性。

有个部门经理因为开会时受到了董事长的批评，内心憋了一肚子气，所以一回到办公室就将部门内各小组的负责人叫过来开会，言语不免有些激动，几个小组组长都不敢大声说话。这个时候，部门经理问某小组组长“你觉得我们这个部门是不是最差的？”小组组长考虑到本月会有部分员工离职，而且据说公司还准备进行业务重组，担心自己乱说话会引起经理的不快，于是干脆回答说“不知道”。部门经理听了这话就火冒三丈，“我刚才说了那么多，你就回复我三个字‘不知道’！”看到经理发了火，大家都纷纷低下头，场面越来越尴尬。这时，挨骂的小组组长笑着说：“好吧，我真的不知道。”一边说着，他一边掰着手指头数着话里的字数。

经理的本意是“我希望你能够给我一个完整的说法，而你却说‘不知道’”。而小组组长故意曲解了经理的意思，“既然你觉得三个字太少了，那我就说八个字，这样似乎更加平衡一些。”经理见到小组组长如此解释，觉得又好气又好笑，于是不再继续追究这个气头上的话题了。

无论是句子的结构还是语意都是可以自由变化的，至少在不那么严谨的沟通氛围中，人们可以自由搭配和解释，这就会成为制造幽默的关键。语义学家温德尔·约翰逊认为，人们的语言往往处于静态之中，在一定时期内是稳定的，人们不太可能转变自己的表达方式来描述某一样事物，每一个人都有自己比较稳定的语言风格和表达方式。从整个族群来说，语言也是相对稳定的，这种稳定性带来了交流上的便利，但是会约束人们的自由表达，也会阻碍人们表达上的进步。按照温德尔·约翰逊的说法："我们的语言年代久远，但先天不足，是一种有缺陷的工具。它反映了万物有灵论的思想，让我们谈论稳定性和持久性，谈论相似之处、常态和种类，谈论神奇的转变、迅速的痊愈、简单的问题，以及终极的解决办法。然而，我们的世界包含着无穷无尽的过程、变化、差别、层面、功能、关系、问题以及复杂性。静态的语言与动态的世界并不匹配，这是我们面临的挑战之一。"

简单来说，温德尔·约翰逊认为，人类的语言表达方式往往过于保守与稳定，以至于无法跟上不断变化的世界。这样一来，人们在描述某种东西或者表达某种观点时，就会变得被动而单一。所以在某些时候，人们应该确保自己的语言是自由的，说话的人可以在特定的语境下自由地赋予语言一些新的意思。这一点在互联网时代非常明显，可以说，许多网络词汇就带有曲解的性质。

高情商的人非常善于调节情绪，他们会通过打破表达语言静态思维的方式来打造新的有趣味的语言，以此达到更好的交流效果。

三、陷入僵局时学会及时打圆场

众所周知，人与人之间难免会发生摩擦。有时候言行举止失当，就会产生一些尴尬事件和冲突。为了避免彼此之间越闹越僵，就需要及时“灭火”，给出现问题的人际关系止损，想办法缓和紧张氛围。高情商的人往往懂得缓和矛盾，或者转移矛盾。转移矛盾的方式有很多，其中以幽默的方式来转移矛盾，消弭纷争，往往可以产生绝佳的效果。

某企业举办盛大的晚会，秃顶的老总坐在椅子上和大家聊天时，一位副总走过来敬酒。可是就在他出现在老总面前时，自己脚底下滑了一下，导致酒杯中的酒直接泼了出去，刚好泼在老总的头顶上。在场的所有人都被这尴尬的一幕给吓到了，心想这位副总恐怕要被开除了。副总本人也战战兢兢，不知道该说什么，也不知道自己是不是应该拿张手帕擦掉老总头顶上的酒水。

就在这个时候，被泼的老总缓缓站起来，用手帕擦了擦头，然后笑着说："老弟，你这种治疗脱发的方法我已经试过了，真的不太管用，但我仍要谢谢你。来，让我们干一杯怎么样？"惊魂未定的副总这时候才将悬着的心放下来，而会场也爆发了热烈的掌声。

当意外发生的时候，当矛盾冲突产生的时候，许多人可能会被带入冲突的节奏当中去，丧失情绪的控制力。而高情商的人能够有效把握好节奏，想办法给受到侵犯和破坏的人际关系圆场，以幽默的方式将那些破坏性因素进行合理转化，确保沟通氛围不会受到影响。

打圆场是生活中的一项重要技能，它可以让人们巧妙地摆脱争论和矛盾，引导人们调节各自的情绪。高情商的人往往善于圆场，他们能够准确地了解场景，对场景中的各种元素进行快速掌控。当问题和分歧出现的时候，他们能够在第一时间找到一个平衡点，确保矛盾双方能够就此消除矛盾。或者他们找到那些引发矛盾的因素，然后赋予它一个更为合理、受人欢迎的解释，从而扭转局面，让这些激发矛盾的因素变成一个个安全的、稳定的、能够促进和谐关系的因子。

在整个过程中，最重要的一个环节就是“扭转和解释”，这对个人的应变能力和表达能力都是重大的考验。而打圆场往往分为三种：第一种是替自己的错误圆场；第二种是替对方的错误圆场；第三种是以第三者的姿态帮助矛盾双方圆场。

替自己圆场的关键在于找到自己犯的错误，或者找出那些让他人感到不适、不满的主观行为，然后给自己的行为动机寻找一个不具攻击性的解释；或者对自己侵犯性的举动进行合理解释。在解释的过程中，要赋予自己的行为动机一些正能量和积极的内涵，必须满足对方的需求。

有个年轻人荣升为公司财务部的总经理，许多老员工对此感到不服，认为这个年轻人一定是靠关系才爬到这个位置上的，因此他们都对年轻人非常冷淡。而年轻人显然也意识到了这一点，所以上班的第一天他就开了一次简短的会议，算是彼此见个面，认识一番。在进行自我介绍的时候，年轻人笑着说：“大家好，我是山姆，很多人都觉得我天生就是当领导的料子，这话还真是不假，我的老爸就是你们的前一任董事长。”这种略带自嘲的方式有效地缓解了自己当前的尴尬处境，让他人改变了之前的看法。

替对方圆场，主要是帮助对方掩饰错误，把对方所说的一些不合理的话，或者所做的一些不合理的事情进行修饰，确保这些行为不会产生负面的影响。这一类圆场的要诀是赋予错误一些新的解释，使其在逻辑上符合大众的审美需求、价值观及形式标准，从而维护对方的自尊。像上面那位企业家的话，就给敬酒的副总的冒失举动进行了很好的圆场，确保对方不会因此而尴尬不安。

作为第三者替矛盾双方圆场则更为复杂，为了避免卷入纷争，人们需要确保找到一个平衡点，使得矛盾双方都能够有台阶可下。因此，整个圆场的过程更看重的是平衡。比如，有两个水利专家在争论河面的宽度，其中一人说河面大约一千五百米宽，另外一人认为河面大概只有一千二百米宽，两个人争执不下。而考虑到双方数据的巨大差距，人们在协调时不免会出现“帮着一人说话就会得罪另外一人”的麻烦，而高情商的人则可以这样说：“两位说得都对，涨潮时，河面宽度为一千五百米，退潮时大约为一千二百米。”这样的解释无疑给了两位专家面子，也确保争论及时停止。

无论是哪一种圆场的形式，圆场的人最重要的是顾全他人的面子，要懂得将尴尬、冲突以一种更加轻松愉悦的状态呈现出来，从而有效缓和彼此之间的矛盾，打造一个更加和谐的沟通氛围。在圆场的过程中，人们需要把握好分寸，避免过度解释或者进行一些明显不符合实情的解释，否则会让人觉得过于牵强，弄不好反而会起到负面作用。

四、答非所问，也可以轻松转移矛盾

当人们提出一个尴尬的问题，或者容易引起误会和纷争的话题时，人们应该如何去面对呢？是实话实说，还是隐瞒掩饰；是顺着他人的意思回答，还是故意有针对性地提出不同的答案；是正面阐述自己的想法，还是引用他人的话来回答，又或者干脆避而不答。不同的人往往有不同的回答方式，而不同的回答方式也容易引发不同的反应。那么，在面对这些容易引起不适和纠纷的问题时，人们应该如何做出回答才不会伤了和气呢？

有一种常见的方式就是答非所问，答非所问从字面上理解，就是回答者提供的答案与提问者的问题没有直接的关联。当对话的一方提出某个观点或某个问题时，对方直接将答案转移到另外的主题上，巧妙地避开前面的话题。答案在逻辑上根本不成立，即原本要在特定的场景中，按照对方的提问逻辑进行回答，却突然按照自己的需求和理解进行回答，导致答案和问题脱节，让人觉得摸不着头脑，但是细细品味就会发现其中的趣味性。答非所问是语言位移的一种形式，而位移是一种非常独特的幽默表现手法。

有个商人带着谈判团队和客户公司谈判。谈判过程中，客户方的代表明确表示对商人此前提出的合作要求不太满意，认为这样做会让自家公司承受巨大的成本和风险。所以客户代表坚决反对此前提出的条件，他希望商人可以进一步降低价格，这样双方的合作才能正常进行下去。可是，由于双方在谈判中寸步不让，会议始终没有达成协议，客户方的几个谈判者对此有些不高兴，直接强调，继续僵持下去的话，可能会导致整个会议不欢而散。客户代表更是直接说："希望大家都想一想，如果你们现在结束了会议，将会面临什么？"

面对客户公司咄咄逼人的态势，商人带来的谈判团队有些坐不住了，几个人都紧张地看着商人，看他会做出什么样的表态。只见商人微微笑了一下，然后看了看手表说："如果现在结束会议，我想应该正好是午饭时间，我们何不吃完午饭再继续谈呢？”

客户代表的话充满了威胁，本意是“如果不同意我方的要求，那么就可能会导致谈判会议就此结束，然后你们将会损失一大笔收入”。面对这种威胁，商人却巧妙地将客户谈话内容的逻辑转移到吃饭上来，形成一种逻辑错位。这一类逻辑错位可以有效缓解尴尬气氛，将问题的杀伤力消弭于无形，或者说通过这种错位来转移自身承受的压力。

语言哲学家保罗·格赖斯曾经提出了一套沟通交流的“合作原理”。在这个原理中，他提到四条用于指导礼貌相处和效率沟通的基本准则：第一条是量的准则，即沟通交流所需的必要信息；第二条是关系准则，即人们描述的内容必须和主题相关联，不能跑题；第三条是方法准则，核心理念就是沟通的简洁性和顺畅性，避免出现歧义；第四个准则是质的准则，它要求人们在沟通中叙述那些绝对真实的事物，描述的内容不能脱离真实情况。幽默的人善于打破这四条准则，从而营造出一种错位的、不合理的沟通方式，形成幽默的效果。

答非所问其实就是破坏了第二准则“关系准则”，回答问题的人并没有按照提出的问题的内容和逻辑来回答问题，而是选择脱离问题自己设定一个答案。

需要注意的是，答非所问并不是胡乱给出一个答案，它虽然没有针对问题进行回答，但是通常都会意有所指。回答者会将自己对事情的一些看法以一种更为隐晦的方式表现出来，提出问题的人可以从答案中感受到趣味和幽默感，也能感受到那些隐藏的意思。

一家啤酒吧里正在播放皇家马德里和巴萨的世纪大战，有两位球迷为各自喜欢的球队打气。穿红色衣服的球迷认为巴萨一定会胜出，因为最近几年，他们的战绩要明显好于皇家马德里。而穿白色衣服的球迷却认为皇家马德里最近的竞技状态非常好，加上主场优势，必定能够在主场击败老对手，取得关键的三分。两个人你一言我一语，一直争执不下，于是就找到啤酒吧里的一个第三者进行评判，看看谁的说法更正确。两个人找到第三个人之后，都迫不及待地问："皇家马德里和巴萨，你觉得谁更强？或者你希望谁赢得比赛？"

这个人看着双方的火气都很大，于是拿起杯子对着两位球迷说道："这杯酒还不错，除了有一点儿火药味。"面对这样的回答，两个人相视一笑，很快意识到自己应该文明观球，没有必要在这里大吵大闹。

无论是在逻辑上形成错位，还是在回答时直接避开问题而给予一些暗示，本质上都是对尴尬事件的回避，都是采取一个相对安全的方式来回避自己可能受到的伤害，或者避免自己可能在问题上犯错误。这种错位是避免矛盾激化或者卷入纠纷的保障，也是营造良好沟通氛围的重要方法。

五、别具感染力的语言荒诞派

许多人说话经常很荒诞，不着边际，让人觉得不靠谱。但是，如果恰当地运用荒诞的手法来组织语言，就可以有效提升话语的影响力。在制造荒诞的沟通效果时，人们只需要将相关事件的前因后果及正常的逻辑关系一步一步地演绎出来，然后打破事物间的正常逻辑，想办法将一些无意义、无联系的事物联系在一起，构建一个不合理的、非现实的场景。

荒诞手法有时候让人觉得不可思议，但这种脱离现实的不可思议往往会营造出幽默感。天马行空的想象力、无限夸大的技巧，这些都是增强语言感染力的重要方法，也是制造幽默的关键。运用荒诞的表达可以有效改善沟通的氛围，强化人们在对话中的主动权，它特别适合在一些容易引发尴尬和情绪低落的氛围中使用。

——安慰性的荒诞描述

一方在强调自己的遭遇时，另一方为了活跃气氛，可以运用荒诞的描述来形成一种强烈的对比。通过对比来强化对方做事的信心，提升对方的成就感。比如，某人强调自己最近因为炒股被套而难以还上房贷的糟糕处境。一个朋友为了安慰他，会对自己的处境进行一些荒诞性的描述，“我也好不到哪里去，为了给朋友的项目投资，我连内裤都投进去了，现在我真的可以称得上是一无所有了。”通过这种幽默的对比，炒股者的糟糕情绪就被冲淡了。

在他人遭遇困难时，荒诞性的表达同样可以起到鼓舞人心的作用。这一类荒诞的表达方式往往具有很强的针对性，其目的主要是鼓舞那些遭受挫折的人，让他们重新振作起来。而无论是安慰还是鼓舞，其表达方式都是对他人处境进行人文关怀，并且通过一些看起来不怎么合理的描述来激发他人重新面对生活的信心。

——单纯地引起关注

当一个人试图利用自己的观点引起他人的关注时，一个比较有效的方法就是运用荒诞的描述来引起对方的兴趣。在整个表达过程中，他会通过荒诞性事件或者荒诞性的语言描述来强化对相关事件的认知，同时强化对表达者的认知。比如，有个卖保险的人为了强调自己的办事效率很高，可能会夸大自己的行为："我们公司的办公大楼在三十层，我们在十七层。上次有一位投保人从三十楼跳了下来，结果在经过十七楼时，我直接把签好的支票交到他手上。"这样的说法往往可以调动对方的情绪，让对方在愉悦中对这个卖保险的人产生好感。

在气氛比较沉闷的时候，荒诞而幽默的表达往往可以活跃气氛，让每一个人的情绪快速调动起来，并且容易引起他人的关注，从而建立起更为紧密的联系。

——缓和紧张氛围

在一些对立性的行为中，对立双方往往会出现一些敌对的、充满攻击性的情绪表现。其中一方可能会表现出咄咄逼人的气势，而另一方没有必要针锋相对，让局势更加复杂。他们可以想办法运用荒诞的表达形式来缓和矛盾，给紧张的沟通氛围降压。

比如，有两支球队在决赛相遇，为了打压对手的士气，一方叫嚣说自己一定会打得对手满地找牙，毫无还手之力，并表示绝对不会在球场上给任何一个"软蛋"喘息的机会。面对这样的挑衅，另一支球队的教练显得很安静，他笑着说："我当然知道他们的强悍，他们在各个位置上都表现得很出色，所以我正打算要求我们的中锋在几天之内多吃出一百斤的重量，而我们的后卫必须学会如何跑得比兔子还快。"

虽然对手说自己的球队是"软蛋"，但教练却以一种幽默的方式化解了这种尴尬，避免自身的情绪受到影响。同时也间接地称赞了对手的强大，因此赢得了对方的尊重。

荒诞的表达看似不着边际，但其实都有明确的意思和目的。表达的人绝对不是信口开河，随意编造一个虚假的故事来蒙人。可以说，荒诞的最高境界就是在看起来不正经的描述中，指出一些规律性的东西，传递一些重要的信息。就像那些荒诞的文学作品一样，如果撕掉这些荒诞的表象，就会发现它们的内在就是生活，就是生活中的各种体验和感受，只不过多数时候人们忽略了而已。

高情商的人会将荒诞和现实的界限处理得非常清楚，但同时也不忘强调其内在的联系。他们表达一些夸张的、富有想象力的想法，本质上就是对生活的一种高明的窥探，对人际关系的一种高明的把握。他们善于在荒诞中加入一些生活元素，融入自己的情感和心意，并且想办法将这些心意传递给其他人，从而营造一种更具热度的氛围。不仅如此，由于表达的时候存在一些隐晦的暗示，这些暗示实际上让整个荒诞的表达提升了不少档次，往往可以在第一时间就形成强大的吸引力，让表达者睿智、幽默、温和的形象更加深入人心。

六、打造颠覆性的幽默效果

通常情况下，人们的思维都具有一定的逻辑性，它不是盲目出现或者盲目发展的，一定会按照某些特定的方式运行，具有一个稳定的逻辑顺序。也就是说，一旦人们把握了一个基本的出发点和方向，通常就会惯性地按照这个方向走下去，这个时候人与人的沟通会比较默契。可是，如果有人突然改变了这些逻辑和方向，就会产生偏差和意外。

因此，语言学家认为，制造幽默的一个重要原则是违反性。即感知者认为某件事应该这样发展的时候，事物最终没有按照这种主观想法去发展，违反了感知者的主观道德原则，并造成人们认知习惯上的偏差。

世界著名的创新思维大师爱德华·德·波诺就曾经以这样的观点来阐释幽默的本质。他认为一个幽默的人在谈论某个有趣的话题时，他的思维首先会沿着一条道路前进，而在前进过程中会经过短暂的停顿，突然转到另一条道路上去。不仅如此，人们可以从这条新的道路上看见原先走过的那条道路。爱德华·德·波诺将这种方式称为不对称模式，并且认为其中存在认知的转换，而非对称及认知转换正是产生幽默效果的原因。

想要实现非对称和认知转换，就要善于制造意外和转折，确保自己的表达形成一个逻辑上的变轨，这种变轨往往会产生更多的幽默元素。比如，某公司准备开会，结果当所有与会成员都到场后，主持会议的经理还没有赶到会场。大家等待了将近十五分钟，有人开始抱怨连连，这时经理才气喘吁吁地冲进会议室。然后就在大家都觉得经理一定会先做一番检讨和自我批评，或者至少做一番解释时，经理却故作严肃地说道："最近公司开会迟到、上班迟到的现象有点儿严重，你们都知道我这个人最讨厌别人'迟到'了，所以今天我在大会开始之前需要重点谈论一下这个话题。我觉得迟到是对所有人的不尊重，是对企业文化和企业制度的践踏，这种人简直就是在拿企业的利益开玩笑，简直就是在谋财害命，所以一定要严厉打击和批评这种不守规矩的人。"大家听了这样一番话，哄堂大笑，之前焦急等待所产生的不悦迅速消失。

在这种模式中，制造幽默的关键在于"前后互相矛盾"。即人们所做的和所说的不一致，而且这种矛盾是刻意制造出来的，为的就是营造一种“置身事外”的感觉。表达的人以这样一种状态来“打脸”自己，无疑会引发更多的笑点。一般来说，其基本模式可以分为几种：第一种是“做了某事，却刻意一本正经地强调不能这么做”，就像上面的案例一样，明明自己迟到了，却一本正经地讨论如何厌恶那些迟到的人，这就形成了一种强烈的矛盾，从而引人发笑。在表达的时候，他似乎完全置身事外，就好像在说其他人一样，而这种态度无疑会让自己身上的错误显得更为明显，其内在的讽刺性和内疚感相辅相成，能够有效化解场面上的尴尬。

第二种前后自相矛盾的模式是“我想要这么做，但实际上做的却是另外一件事”。通常情况下，人们反复强调某一件事，强调自己会做某一件事，给人的感觉就是他应该马上就会做这件事了。可是在行动的时候，他却毫无征兆地选择了另外一件不曾提起或者拼命贬损的事。

比如，在电视节目中，一些善于调节气氛的主持人拼命赞美某个明星长得漂亮，演技又好，为人看起来正义感十足，所有人都会觉得主持人一定会将对方作为采访对象，或者在某个环节上支持对方。可是在做出选择的时候，主持人会出人意料地做出转折，将话筒递给另外一个明星：“下一次，我们合作一场戏，如何？”这种突然而来的变化，完全打破了之前的铺垫，也打破了所有人的思维逻辑。因此制造出一种强烈的冲突，而这种冲突就是打造幽默感的直接因素。

以上这两种是比较常见的制造意外的模式，它们都有一个共同点，那就是主动制造意外前都会做足铺垫，确保人们可以依据现有的信息和表达的逻辑打造一个最基本的逻辑顺序。而在人们自以为把握逻辑顺序并且了解事情发展的过程时，主动制造意外，造成彼此之间建立起来的沟通默契突然断裂，这种断裂并不会造成不适感，反而会因为逻辑的破坏和颠倒而产生新的趣味。

在制造意外和转折的过程中，还有一种常见的模式就是针对一些现有的逻辑进行破坏，使得话语产生新的意思。比如，很多人在骂人的时候常常会说“林子大了，什么鸟都有”，这样的话无疑充满了批评和讽刺，也容易引发他人的不悦。而高情商的人则会改变这句话原有的逻辑，直接强调“鸟大了，什么林子都有”，这句话的意思侧重于强调“只要有实力，就可以打造自己想要的环境”，而说出这样的话无疑会让整个尴尬的氛围得到缓和。

无论是哪一种模式，本质上都是打破人们的惯性思维以及惯性思维下的惯性逻辑，通过一些突然的反转和变轨，脱离常规逻辑的束缚，甚至脱离常规情境的状态。而这些看起来没有逻辑性可言的表达，往往会因为本身具备的颠覆性引起更多的关注。

第五章
适当放低姿态是化解冲突的关键

一、学会做一个倾听者

有个人自认为说话能力出色，善于把握各种各样的话题，因此经常和朋友聊天、开玩笑。可是渐渐地大家都不怎么愿意和他交流，平时似乎有意躲着他，这让他感到伤心。于是他就向一位哲学家请教，如何才能赢得他人的尊重。哲学家听他抱怨了差不多三十分钟，直接回了几个字："管好嘴巴，少说点儿话。"

在日常生活中，经常有人会抱怨自己的朋友很喜欢说话，很喜欢表现，喜欢抢夺话语权。这些朋友往往以自我为中心，喜欢掌控群体生活内的话语权，喜欢站在舞台的正中心。为了让自己看上去更加突出，他们往往会通过频繁的、主动的表达来吸引注意力。而这种人经常会遭到周围人的排斥，原因很简单，每个人都希望掌控更多的话语权，都希望有机会表达自己的观点，而一旦有人试图掌控一切，抢夺自己的表现机会，必定会遭到其他人的反感。

有些心理学家将这种话语行为称为“语言领地的侵犯”。简单来说，就是每个人都有表达的权利和欲望，在一个相对和谐的状态中。人们的表达是均衡的，说话的次数、频率、语气都有一个合理的范畴，就像一块被合理划分的领地一样。如果有人表现过度，就打破了这种均衡，侵犯了他人表达的领地。而高情商的人善于把握好尺度，他们会控制自己的表达欲望，少说多听，减少因为自我表现而侵犯他人的行为，从而为和谐的交流营造良好的氛围。

少说多听，包含了一种语言表达上的自我克制。《巴利经藏·增支部》中有这样一段话：（佛言）“婆罗门！我不说应语一切所见；复次，婆罗门！我不说不应语一切所见。婆罗门！我不说应语一切所闻；复次，婆罗门！我不说不应语一切所闻。婆罗门！我不说应语一切所觉；复次，婆罗门！我不说不应语一切所觉。婆罗门！我不说应语一切所了别；复次，婆罗门！我不说不应语一切所了别。”

这一段话的大致意思是说：婆罗门！我不认为“应当将所有看到的一切说出来”，我也不认为“不应当将所有看到的一切说出来”；我不认为“应当将所有听到的一切说出来”，我也不认为“不应当将所有听到的一切说出来”；我不认为“应当将所有察觉的一切说出来”，我也不认为“不应当将所有察觉的一切说出来”；我不认为“应当将所有分辨的一切说出来”，我也不认为“不应当将所有分辨的一切说出来”。

一个高情商的人会注意言语上的分寸，知道什么不能乱说，什么要少说，什么能不说就不说。而少说的同时还要多听，听就是倾听。可以说，少说多听的本质是为他人的表现提供充足的空间，并以倾听者的姿态去尊重他人表达的权力，满足他人表现的欲望。

比如，比尔·盖茨是世界上最出色的企业家之一，但是他非常佩服巴菲特的投资天赋，因此经常去拜访巴菲特。而每一次登门拜访，他都会保持谦卑低调的姿态，很少开口谈论自己的投资方法或者投资理念，而是全身心地听巴菲特讲述投资的一些方法。

作家钱钟书是一个博学多才的人，但是他和朋友在一起聊生活，聊各种社会趣事的时候，往往喜欢听朋友说话，自己则很少开口说话，每次都是朋友聊得尽心，自己听得尽兴。

马云也曾说过一件事，他在创业初期曾经遇到过中国商界教父级的人物柳传志，然后就兴高采烈地和对方谈到了互联网，谈到了自己的伟大梦想和规划。当时他发现柳传志一直面带微笑地听完所有的话，他认为柳传志一定对自己的话非常认同，并且会投资自己的事业。但直到最后，柳传志也没有投资阿里巴巴。事后，马云才知道柳传志对自己的创业理念丝毫不感兴趣，但他并没有直接表明态度给自己泼冷水，为的就是不当面让自己难堪。经过这件事之后，马云对柳传志的为人更加佩服了，他甚至将其作为自己的榜样。

真正高情商的人会顾及他人的表现欲望，尊重他人表达的机会。因此，他们在沟通中往往会放低姿态，尽量突出对方的地位，给予对方更多的话语权。比如，对自己知道的东西没有必要表现和卖弄，当对方谈论起这些事情时，可以重点听一听对方的想法，而没有必要急于说出自己的想法；对他人的谈话保持好奇，可以适当提一些问题，让对方获得更多表现的机会和动力；人们也可以保持认真的倾听姿态，不轻易打断对方，也不要中途插话。

其实，在成人的世界里，人与世界所建立的联系更为复杂，人与人之间的关系也会变得不可捉摸。尽管人们想要与他人建立更为亲密的关系，但由于不同的人拥有不同的观点和价值观，不同的人拥有不同的背景和起点，也拥有不同的生活模式和选择，这就会导致彼此之间的分歧和矛盾。而重要的是，当人们想要进入某个群体时，就希望在群体中发挥出更大的作用，建立起更高的社会地位，此时争夺控制权也就不可避免了。而少说多听就是一种自我欲望的压制，是对他人控制权的尊重，而这种尊重可以确保双方之间关系的和谐与稳定。

二、观察和把握他人的情绪变化

高情商的人往往具有更强的共情能力，能够立即领会他人的想法、情绪，并且快速与他人产生情感上的共鸣，从而确保双方能够拥有一个亲密沟通的过程。而在领会他人情绪之前，往往需要对他人的情绪进行观察和把握，这是情绪控制和引导的一个前提。观察能力实际上是高情商的人所具备的一项重要技能，对那些高情商的人来说，他们善于观察他人的言行举止，通过一些细节来把握他人情绪上的变化。

比如，一个人的话语能够表现出情绪及情绪的变动。对一般人而言，完全可以通过口头表述、倾听来试探他人内心的想法，了解他人的情绪处于什么状态。最常见的就是对方直接通过口头表述来强调自己对某件事、某个人是否认同，是否会发脾气，是否在某个话题上表现得非常激动。这些谈话往往可以表达出对方最直接的情感，展示对方的心理状况。就像对方兴高采烈地谈论一件事时，表明他非常喜欢这个话题；对方一直以抱怨的口吻对你说话，表明了你在某件事上让他感到不爽；对方在谈话中一直遮遮掩掩，说明了他有些东西不想同你分享，或者根本不信任你；如果一个人不想和你多说话，或者总是有一句没一句地搭话，那么表明对方情绪低落，或者对你的谈话并不苟同，又或者双方之间有某些摩擦。

除了一些比较隐晦的暗示外，口语上的表达往往更容易解读，而高情商的人完全可以从中了解对方的想法。在日常生活中，诸如赞美、拒绝、批评、沉默、答非所问等都可以比较明显地展示一个人的情绪状态和心理状态。

除口头语言之外，人们还需要注意观察他人的肢体语言。尽管人们经常忽略肢体语言，但它往往会隐藏诸多的情绪暗示，从一个人的肢体语言中，通常都可以了解他的真实想法。所谓肢体语言是指身体和四肢所表达的意义，例如，头、眼、颈、手、肘、臂、腿、胯等人体部位的协调活动所传达的一些特定的语言意义、思想状态和情绪变化。

研究肢体语言的先锋人物阿尔伯特·麦拉宾在20世纪50年代发现了不同的表达形式会产生不同的影响力。其中文字产生的影响力大约为百分之七，语音产生的影响力大约为百分之三十八，肢体语言的影响力则达到了百分之五十五，这样的比例证明了肢体语言在情绪表达和心理信息传递方面的地位。

对方在交谈时，双手手掌摊开，手指保持笔直，这就意味着对方对谈话对象比较信任，愿意保持坦率的交流态度。这个时候，人们可以坦诚地说出自己的想法和观点，并且认真倾听对方的意见和建议。

如果对方一直保持手背向外的姿态，表明对方保持着比较强烈的戒备心理，此时双方之间很难建立互信，这个时候贸然表达或者做出一些比较亲密的动作，可能会引起他人的反感。

如果对方一直左顾右盼，心不在焉，这就意味着对方对相关的话题及交谈者缺乏兴趣，他们期待着结束对话，或者换一个更有意思的话题。此时，人们要做的就是及时转变话题，避免让对方更加不悦。

如果对方双目平视，胸部直挺，双手保持自然下垂，两腿站直，往往意味着他精气神十足，对相关的话题或者自己的观点充满自信。这个时候人们不宜进行过多的辩驳，而要懂得适度让步。

如果对方坐姿端正，两手平放膝上，上身微微向前倾，则显示出他对沟通对象非常尊重和崇敬；如果谈话时身子前倾，头部微微倾斜，表明了他对谈话内容特别感兴趣。这个时候，谈话者应当继续自己的谈话，并且注意坚持鲜明的立场和清晰的观点。

如果对方将手臂交叉在一起，并且不断加快点头的速度，用手摩擦脸部，或者手指重复敲打桌面，往往表明对方对谈话已经失去了耐心和兴趣，他不想浪费时间。此时，谈话者要做的就是转移话题，结束交谈，或者将说话的主动权交给对方。

不同的肢体语言往往会表现出不同的心理状态和情感上的需求。因此，在社交中察言观色，注意他人肢体动作的变化非常重要，人们可以更加合理地了解他人的内心世界。

在某一次内部会议上，公司内部的高管针对某个项目是否值得投资进行讨论，某一位副经理建议公司投资这个新项目，因为潜在的利润非常可观，他还认为这会是公司拓展新道路，实施多元化战略的重要一步。这样的观点很快就赢得了很多人的认同，他们也赞成投资。虽然整个大会非常和谐，而且老总似乎一直面带微笑，但眼尖的林先生还是发现老总时不时地轻揉鼻子。他意识到老总可能并不信任这一次的投资，可能对相关的流程及潜在的风险感到担忧。林先生隐约觉得这个投资项目以及后续的投资方案会引起老总的反感，或者说老总心里可能有其他的选择。

于是在大家说得热火朝天时，林先生站起来说："我觉得你们的投资想法非常好，但是依照公司目前的状况，是不是能够承担起这笔开支，后续的风险该如何进行评估，都是一个重大的挑战，所以我觉得不妨先搁置一下。”就是因为这一次站起来明确反对，使得老总对他刮目相看。果不其然，在会议之后，老总否定了这个项目，并且将林先生叫到办公室，希望他可以成为公司另一个项目的负责人。

在人际交往中，想要拉近彼此之间的关系，往往取决于一些细节问题的把握。那些善于把握细节，从细节入手的人，往往能够更好地掌握他人的情绪及情绪波动的规律，从而及时进行调节和引导，避免情绪上出现对抗。而细节的把握来源于出色的观察力，来源于丰富的肢体语言知识，这些都是打造和谐关系的关键。

三、给予他人合理的情绪发泄时间

甲骨文公司的老总拉里·埃里森是一个脾气很古怪的人，他经常会因为工作上的事情或者一些私人矛盾而大发脾气。这个时候，最遭殃的往往是下属和秘书，每次在生气动怒的时候，他就会破口大骂，这让很多秘书吃不消。据说，埃里森曾多次更换秘书，一方面是因为秘书忍受不了他的脾气主动离职，另一方面则是因为很多秘书经常会在埃里森发脾气时，进行劝说、安慰和解释，结果常常让对方更加生气，直接辞退这些秘书。

有一个秘书却有幸跟着埃里森干了十年，尽管他也承认自己承受了很大的压力。但是他有一个职场秘诀，那就是每次当老板生气的时候，他就站在一旁安静地听着。他认为如果一个人的情绪非常糟糕，或者说他正在为某件事感到恼怒和沮丧时，外人要做的就是尽量保持沉默，不要在对方情绪不稳定的时候说太多话，更不要在对方生气的时候直接做出辩驳。

法国作家西蒙娜·薇依曾经说过这样一段话："倾听一个处于痛苦中的人，不仅十分罕见，而且非常困难。那简直就是奇迹，那就是奇迹。有些人认为他们可以做到，实际上，绝大部分的人还不具备这种能力。"通常情况下，在他人遭遇痛苦，或者情绪低落的时候，人们经常做的就是安慰对方，提供各种建议和意见。他们自认为提供了一个良好的表态，但那些情绪不佳的人对他人说了什么并不感兴趣，他们只想说出自己的苦闷和愤怒，只想发泄内心的不满，只想在形式上体现出个人的主动权和话语权。

很多丈夫都会抱怨说，当妻子因为工作、家务事、孩子或者因为夫妻矛盾而生气的时候，自己根本什么也不能说，多说一句就多错一句，多说一句就多一分被骂的危险。在这个时候，他们通常不愿意多说话继续招惹妻子，而是甘愿成为一个倾诉的对象。

一些下属也经常遇到这样的情况，当上司因为工作问题而大发脾气时，他们基本上什么解释也不用做。因为上司既然打定主意要对着你大发脾气，那么只需要做好挨过十分钟批评的心理准备就可以了。他们认为只要挨过了这十分钟，上司的怒气消除了一大半，就愿意真正坐下来谈论如何解决问题了。

心理学研究表明，人们在紧张、生气或者感到失落的时候，往往缺乏理性。他们的一些言语表现和行为表现都会陷入盲目、慌乱的情绪之中，这个时候他们就像是一架失控的机关枪，任何试图干扰它运作的人都容易被误伤。

佛教中有这样一句话："不要急着做什么，站在那里。"当人们遭遇一个情绪失控的人时，毫无疑问就等于接近一个火药桶，这个时候任何话语都可能会增加危险。因此，最好的方式就是保持沉默，让对方先通过发泄将压力排除，让对方尽情地释放心中的郁闷，然后双方才有可能在一个相对温和的、稳定的情绪状态下进行有效的沟通。

丹麦基督教思想家克尔凯郭尔说："不要用别人的错误来惩罚自己。"对人们来说，因为别人生气而导致自己的情绪受到影响，或者承受一些不必要的伤害，完全就是一种错误的表现。因此，当他人生气的时候，不要急于做出回应，无论是鼓舞或者批判，都不要冒失地处理这类问题。

一般来说，情绪波动分为两种。一种是彼此之间出现了分歧和矛盾，对方因为这些矛盾而动怒。在面对这种情况时，人们要么本能地针对他人的失控情绪做出针锋相对的回应，维护自己的利益；要么就是千方百计地进行各种解释，试图平息对方的怒火。这两种行为都不可取，保持克制才是最重要的。因为人们的一举一动、一言一行都可能会让对方感受到威胁和侵犯，对方会觉得你在故意惹他生气，你在为自己的错误做辩解。

因此，如果是双方之间存在矛盾和冲突，那么最佳的应对方式就是让对方将怒火发泄出来，将内心的压力释放出来。只有这样，对方才能心平气和地坐下来一同讨论解决问题的方法。

另外一种就是对方因为某件事或者某个人而情绪不佳，这个时候，虽然你没有直接和对方发生冲突，但并不意味着不会惹火烧身。因为当对方处于情绪不佳的状态中时，往往会失去理性，这个时候人们如果贸然去劝说，一旦处理不当就容易将自己卷入冲突之中。因此，外人还是应该保持理性，让对方尽情发泄不满，而自己只需要认真在一旁倾听即可，等到对方发泄之后，就会降低攻击性，这个时候相互之间的交流就会安全稳定许多。

无论是哪一种情况，对人们的社交技巧都是一个考验。而想要应对这些情况，最先要做的就是保持低调和被动的姿态，先给对方一个发泄情绪的时间，然后再慢慢寻求沟通的最佳时机。

四、尽量围绕他人的话题表达

几个一同登机的女性在候机室谈论起家庭生活，A说："也不知道你们最近都在忙些什么，我上次还打算和你们一起去购买手链呢。你们看，我现在带的这条手链就是那儿买的，我和丈夫整整跑了几家店铺才找到，而且价钱还不贵。"

B接着说："哦，你上次打电话给我就是为了这件事啊，我当时正带着孩子在国外旅游呢，那里的鬼天气可真叫人受不了，你瞧瞧我现在的皮肤还有一大片黑着。"

C说："我最近正在学习戏曲表演，我想培养点儿兴趣。"

A说道："你们看起来都挺充实啊，我就喜欢买一些小饰品，这是我唯一的兴趣。你们看看这色泽，这材质，真的非常不错。”

B：“孩子以后要出国，我得带他出去看看，适应一下新环境，我想着等孩子过去了，我也和丈夫一起搬过去得了，陪着孩子毕业。”

C：“最近我是迷上了戏曲，国外的、国内的、古代的、现代的，我都喜欢，我想我真的着迷了。”

……

依据上面的对话可以知道，如果她们将话题继续下去，恐怕三个人很快都会觉得索然无味。而原因也很简单，因为三个人都在各说各话，根本不在乎别人说了什么，也没有想去理解别人在说些什么，她们唯一关心的就是说自己的话。这样的现象有些类似于“话语权的抢夺”。简单来说，在一个沟通模式或者结构中，参与沟通的每一个人就像是游戏中的玩家一样，他们要做的就是确保自己能够完成游戏，能够表现出最好的成绩。但却忽略了一点，所有的游戏都需要大家共同参与，没人参与的游戏根本没有任何意义。

为了抢夺话语权，人们可能会选择忽略他人的表达，这对于人际关系的培养和维持没有任何好处。一个聪明的表达者会想办法表达自己的观点，但是他会将自己的表达建立在尊重他人表达的基础上。在很多时候，他们更愿意围绕着他人的话题说话，或者说当他人提出某些内容和观点时，他们不会草率地抢夺话语权，不会急于表现自己而冷落他人，不会盲目将话题转移到自己身上，干涉他人建立起来的话题和氛围。

成功学导师安东尼·罗宾是一个非常出色的沟通者，他宣称能够和任何人说上话。这种能力的关键在于他是一个善于参与他人话题的人，只要有人在谈论什么话题，他就会想办法加入进去，并且围绕着对方的话题来展开人际关系上的攻势。

有个投资者在朋友的推荐下去会见谷歌老总谢尔盖·布林，当时布林只愿意给这个投资者五分钟的时间。可是双方见面之后，这个投资者却在布林的办公室待了整整一个小时二十分钟。别人问他为什么可以赢得布林的欢心，在办公室里聊上那么长的时间。投资者笑着说："我什么也没有做，就是当布林先生谈论起谷歌公司时，我随口附和了几句，然后我们的谈话一直很愉快。"

在很多时候，围绕着对方的话题谈论，让对方始终处于沟通的中心，无疑会让对方对你产生更多的好感。回应对方的话题，并不是简单地让对方一个人说话，而是想办法在谈话中给予对方更多表达的机会，同时衬托对方的观点，让对方能够更为全面、深入地展示。

这里主要包括两种形式，第一种是寻找他人感兴趣的话题，这是一种有针对性的交流，主要目的就是借助这些话题拉近彼此之间的距离。比如，很多人与比尔·盖茨交流时，会重点谈到盖茨最关心的慈善问题；一些主持人在采访巴菲特的时候会重点谈到樱桃味可乐，这是巴菲特最喜欢喝的一款饮料；人们想要赢得马斯克的认同，可以重点谈论他的火星履行计划。

每一个人都有自己感兴趣的话题，这些话题就是打开他们内心世界的一把钥匙，也是走进他们生活的一个重要通道。高情商的人需要在社交中掌握这一技巧。比如，“销售之神”乔·吉拉德在与陌生的顾客交谈时，往往会注意观察对方的言行举止，收集对方的相关信息，想办法了解对方对什么感兴趣。然后直接从这些兴趣点入手，说一些对方感兴趣的内容，从而快速拉近彼此之间的距离。

第二种就是当对方重点谈论某件事时，想办法回应对方的话题，并且引导对方拓展和深入。心理学家认为，提问是一种非常高效的交流方式，在交流中，人们可以针对他人谈论的话题或者观点进行提问，想办法将话题进行延展，引导对方将话题深入。而这本身就满足了对方表达的欲望和需求，因此，双方往往会形成良性互动。为了提升提问的效率，有时候可以将其转化成一种类似于采访的形式，这样可以进一步突出对方的主角地位，彻底释放对方的话语权和表达的欲望。

有个记者一生中采访了很多政治人物和大明星，在他采访的这些人当中，很多人都具有强烈而鲜明的个性。有的人具有比较强的防备心，想要采访这些人非常困难；许多人的配合度非常低，总是试图快点结束谈话。但是，在面对这些公众人物时，这个记者有自己的方法，那就是不主动设定话题，而是让被采访者自己谈论。他们可以任意开启一个话题或者几个话题，而记者所做的很简单，就是顺着对方的话题进行提问，了解对方为什么这么做，了解这件事的后续情况，了解这件事背后的发展逻辑和规律。记者通过对对方讲述的内容提问有效引导对方深入探讨了相关话题。

对人们来说，如果不清楚对方的兴趣爱好是什么，不了解对方最感兴趣的话题是什么，不如采取提问的方式。提问是一种非常高效的沟通方式，能够有效提升社交的深度和稳定性，确保双方沟通关系的和谐。

五、将命令转化为请求

在一些公共场合，我们常常会看见一些禁烟的指示牌："此地禁止吸烟，违者罚款一百元""抓到吸烟者，立即罚款""请烟民远离此地，违者必定严惩"。这些指示牌往往比较明确地告诉烟民"此地不能吸烟"，但效果可能并不好。很多心理学家和社会学家做过调查，发现类似的禁烟文字往往效果不佳，很多人会故意跑到禁烟的地方吸烟，他们似乎对警示内容视而不见。同样的情况也发生在另一些公益性的告示牌上，"不要践踏草地，违者罚款五十元"或者"请不要折断树枝，一经发现，绝不姑息"。这一类提示和警示通常也会被忽视，拥有类似提示文字的地方往往会成为遭受破坏的重灾区。

为什么会出现这样的情况呢？原因很简单，那就是对命令的抗拒。人们在见到这一类提示的文字时，往往会产生一种强烈的反抗欲望，他们会认为整个提示充满了攻击性，是对自己的一种挑衅，所以这种提示文字反而会激起他们内在的破坏欲，让他们产生激烈的对抗情绪，从而采取一系列更为严重的破坏手段。在语言体系中，“请求”和“命令”是两个完全不同的概念，尽管它们的目的可能是一致的。命令往往带有一定的权力制约或者说带有一定的惩罚性恐吓，一旦人们意识到如果不答应某人的要求或请求就会遭受惩罚，那么就可能会将这种要求或者请求当成命令。

命令和请求之间的差异性往往会造成截然不同的交流效果。比如，在谈判中，有些人会强势地向对方施加压力：“如果聪明的话，我看您最好还是接受这份报价吧”“和我合作，这会是你唯一的选择”“在这件事情上，如果你没有接受我们的条件，那么相关的后果要自负”。类似的语言往往充满了命令和威胁的意味，让人听着非常不舒服，这很容易激发对方的抗拒心理。而请求相对来说更为谦卑，会让对方感受到自己是被尊重的。

要求他人不要做什么或者必须做什么，并且暗示对方可能会受到的惩罚，这样做往往会将他人的行为与自己的期望对立起来。对方会觉得你在轻视他，你在轻视他的行为。在这种情况下，对方必定会表现出一定的攻击性和破坏性，即“你越是不喜欢这些行为，越是让我不要去做，我就越是要做这件事来刺激你”。相比而言，以请求的姿态要求别人做出某种转变，可以巧妙地将事情的性质进行转化，这会让对方感受到尊重。请求者会将自己置于一个相对较低的位置上，以确保不会让对方产生抵触的情绪。

请求的方式通常用于那些容易引发分歧的对话中。甲方的行事方法及立场影响到了乙方的利益，或者不符合社会价值观和规则，那么乙方不会以威胁的口吻来命令对方必须放弃这些行为。乙方会充分尊重甲方的需求，并且期待对方可以意识到这些需求不适合在当前的场景中表现出来，这才是真正高情商的表现。

居里夫人是一位个性低调，为人谦和的科学家，在科学研究工作获得成功之后，她还是保持了这份低调随和的态度。无论对方是否有名气，无论对方的社会地位如何，她都会一视同仁。有个人曾有幸短暂担任过居里夫人的助理，帮她负责一些日常事务。在她眼中，居里夫人就像隔壁的阿姨一样亲切，她表现得温文尔雅，总是会说一个“请”字：“你能帮我把资料拿过来吗？谢谢。”“不知道你下午是否有时间帮我跑一趟？”“我不确定晚上是否有空，你能帮我回复查理先生吗？”“我想这件事还要劳你大驾。”……

在助理的印象中，居里夫人从来没有使用命令的口吻让自己做任何事。她总是用请求的、谦卑的姿态来面对自己的工作，而不是将助理当成一个地位低下，可以任意使唤的服务员和执行者。也正是因为如此，居里夫人的人格魅力让人印象深刻。

“请求”是高情商语言体系中一个基本的概念，它的存在体现出了尊重、平等、谦卑、温和等基本的高情商元素。人们可以在沟通中重点强化这一点，在请求他人的时候，不要以惩罚措施来要挟他人必须服从自己。一些带有威胁字眼的话不要说，一些试图通过惩罚来约束他人行为的话最好也少说。不要去强调“你做不到就会怎样”“后果自负”“丑话说在前头”之类的话，这样会显得过于强势和不通情理，让人觉得这不是请求，而是一种侵犯意味十足的警告。

在请求别人做某事或者不要做某事的时候，要尽量避免使用“必须”“一定”“应该”“只能”等词。这一类词往往充满了主观意识，显得非常强势，会让他人感觉你在给他们施加压力，在不断干扰他们的选择。类似的词通常都具有压迫性，不适合进行温和的沟通，容易引起他人的不快。

向别人发出请求时，要避免将对话变成一场赤裸裸的交易，避免利用其他方面的事情来要挟对方按照自己的意愿行事。“你不这样做，我也不会帮你”“你若是肯在这件事情上做出让步，那么我也会为你大开方便之门”“你想要做好那件事，就需要答应我的请求”这一类谈话方式让人很不舒服。人们更加喜欢针对某一件事情进行沟通，如果以交易的形式将其他事情作为筹码卷进来，只会让事情变得更加糟糕，双方之间的交流和情绪也会陷入尴尬的境地。

总而言之，涉及利益绑架和胁迫的对话，往往会引起对方的反感和抗拒。对方会觉得提出请求的人根本无意经营这段关系，只是想着给自己谋取利益，这种粗鲁自私的举动无疑会让人们对这种人避而远之。

六、懂得互相理解和换位思考

有个房东准备出租一间房子给一位刚刚参加工作的年轻人，年轻人希望房租能够再降低一些，以减轻自己的经济负担。而对房东来说，他的目的是多赚钱，更多的房租才可以满足自己的这种愿望。

由于两个人的目的完全不在一个平面上，双方将不可避免地出现分歧。按照年轻人的想法，房东将会减少收益，因为将房子出租给其他人将会获益更多。如果按照房东的想法来执行，年轻人将会承受更高的经济压力。由于彼此都不愿意做出让步，双方的谈判很快陷入了僵局。

在这次交流中，双方都对对方提出的要求不满意，两个人都认为对方只是希望从自己身上获得更多的好处。但如果双方愿意站在对方的立场来看问题，尝试着寻找彼此之间的共同目标，那么事情也就不那么难解决了。

事实上，房东期待着能够收到更多的房租，不一定非要增加每个月的房租，他可以选择通过延长出租的时间来提升收入。就像这一次，他如果拒绝租给年轻人，那么可能需要花费两个月甚至更长的时间来寻找下一个租客，一旦对方是一个短期租客，就意味着下一次寻找租客时还会出现房子的空档期，这些都是房东的损失。而如果他愿意替年轻人考虑，那么就应该将房子以更加便宜的价格租给年轻人。如果年轻人愿意站在房东的角度考虑，“他完全可以将房子以更高的价格租给其他人”，那么就可以强调自己会通过延长租房期限来补偿房东的损失。

这样一来，双方就容易达成一致。那就是房东降低单月的租金，年轻人延长出租的时间。这个方案对双方都有利，首先房东延长了租期，就可以避免每一次更换租客时出现房租空档期。而对于年轻人来说，自己刚刚参加工作，需要一个便宜的房子，也需要一个更为稳定的居住环境，可以说这是一个双赢的方案。

从效果上来说，换位思考是一种比较理性的交流模式和交流方法。通过对他人思维方式的揣度，对他人所处的环境进行分析，人们可以更好地了解对方行事的动机，了解对方这样做的目的，并且预知对方接下来的行为。这样做就能够更清晰地把握对方情绪产生的原因，也可以有效地控制好自己的情绪表达。

尤其是当双方意识到彼此之间存在矛盾的时候，不要理所当然地认为自己的想法是正确的，对方的想法就是错误的。应该想办法保持更加理性客观的态度，要主动去分析对方提出这种想法的背景和动机，分析对方在生活中所面临的处境。

作家艾提·海勒申在二战期间被关进德国纳粹集中营中，每天都遭受着死亡的威胁。但她却以最乐观的心态去面对，以最人性化的方式去处理自己所面临的危机："我不会轻易害怕。那不是我勇敢，而是我知道，他们也是人，我必须用心理解他们的行为。今天早上，那个性情粗暴的年轻盖世太保冲我吼叫，我没有生气，而是关心他。我想问：'你的童年很不开心吗？女友抛弃你了吗？'他看起来愁眉苦脸、躁动不安、阴沉而又虚弱。我当时就想帮助他。他那么痛苦，一旦为所欲为，是多么危险！"

换位思考的重要一点就是放下本位主义，不要被个人所处的位置迷惑。通常情况下，人们秉持的行为理念就是“个人的立场取决于他所处的社会位置”。简单来说，一个人所处的位置在哪儿，他的行为表现就会具备某种阶层的行为特征，他所有的观点和想法都会为这一社会位置而服务。就像一场劳资纠纷中，工人代表会着重谈到工人工作压力过大，工资太低的问题。而管理者则强调的是工人的工资已经得到了很大提升，在行业内也已经算不错的了，而且工作的吃住环境得到明显改善，工作时间也得到了合理安排，根本不存在工作压力大的问题，反倒是公司不得不应对人工成本上升而带来的运作压力。

在这个矛盾中，管理者生气的地方在于他们认为工人代表就是来闹事和威胁的，他们的目的就是多要一点儿钱。而对工人一方来说，他们会认为管理者喜欢剥削工人的血汗钱，总是千方百计地压榨工人。在房东与租客的谈判中，也是如此，每个人都站在自己的位置上描述事实，结果往往只能看到别人身上不好的、不合理的一面，或者说他们认定这些行为就是不合理的。

如果人们能够抛弃自己的“社会位置决定论”，认真思考自己面临的现状，分析他人所处的位置，换一个角度去看待问题，那么各自的情绪就不容易受到影响。除了放弃“社会位置决定论”之外，换位思考的人需要积极观察他人的生活模式和工作模式，从中找到对方思维和行为上的逻辑性，掌握相关的规律。透过这些规律，人们可以更好地理解对方为什么这么想，为什么这么说，以及为什么这么去做。

比如，在英特尔公司，很多员工乃至董事会成员都对安迪·格鲁夫感到非常不满，认为这是一个目中无人的人。他过于自信，不喜欢别人插手自己的事务，而且经常会提出一些看起来非常无理的要求。他们经常会抱怨格鲁夫为人过于强势，认为格鲁夫的一系列决定太过于自我和莽撞。但是格鲁夫的秘书却始终认为格鲁夫是一个非常称职的管理者，即便他之后离开了公司。在他看来，英特尔的成功离不开这样的偏执狂，如果易地而处，让自己去管理偌大的一家公司，就会明白偏执、专注及强势是多么重要。在一个竞争激烈的年代，必须有一个偏执狂站出来领导公司参与国际事务、国际竞争，否则英特尔这艘大船将会搁浅。由于善于换位思考，这个秘书在工作中做得非常出色，深受格鲁夫的器重。

对人们来说，换位思考更多的时候是一种高明的社交策略，它能够最大限度地展示自己的善意，把握对方的信息，并且会以合理的推断和良好的态度赢得沟通的主动权。

第六章

合理定位，控制情绪表达

情 商 高 ， 就 是 把 情 绪 控 制 好

一、合理定位自己的角色

18～19世纪的英国汉诺威王朝曾经盛极一时，最后一位君王维多利亚女王还是英国历史上在位时间最长的一位统治者。虽然维多利亚女王的政绩非常一般，但她是一个非常善于处理人际关系的女王，尤其在工作和家庭关系方面表现得非常出色。

维多利亚女王的丈夫阿尔巴特在政治上一直都是一个好帮手，但阿尔巴特拥有自己的想法和主张，不会因为妻子是女王就迁就对方。也正是因为如此，两个人经常会发生争吵。

有一次，两个人因为政见不同而发生了争执，阿尔巴特认为妻子动不动就用女王的口吻同自己说话，这让他很不开心。之后两个人发生了激烈的争吵，阿尔巴特气冲冲地跑进房间，并将房间反锁起来。等到维度利亚女王准备回房睡觉的时候，发现房门被锁上了，于是不停敲门。丈夫阿尔巴特故意询问：“谁在敲门？”维多利亚很生气，于是大声回应说：“英国女王。”结果房间里一点儿动静也没有。

于是维多利亚只好再次敲门，这个时候丈夫仍旧询问谁在敲门，这一次维多利亚做了适当的妥协，语气也舒缓了一些，“是我，维多利亚。”可是房间里还是没有动静。

维多利亚意识到丈夫真的生气了，于是再次敲了房门。阿尔巴特仍旧大声询问：“谁？”

这一次，女王非常温柔地回答说：“我是您的妻子，阿尔巴特先生。”

结果，房门立刻就打开了，两个人相视一笑，之前的不愉快全部烟消云散。

在这段争吵中，维多利亚女王之所以经常发脾气，就是因为在家庭生活中错误地定位了自己的地位，她完全将工作中的身份带入了自己的家庭生活中。这种定位无疑对家庭生活尤其是夫妻之间的感情造成了严重的冲击，对丈夫阿尔巴特造成了很大的伤害。

又比如，鲁肃是三国时期著名的政治家，虽然他不像曹操、诸葛亮、周瑜、司马懿等人那么耀眼，但是他在整个三国中绝对是一个非常低调聪明的人物，而且情商非常高。《三国演义》中记载了鲁肃第一次去见诸葛亮时的场景，鲁肃在进行自我介绍的时候，并没有直接说“我，临淮子敬也”或者“我，江东鲁肃也”。由于当时吴蜀两国因为结盟的事情而关系敏感，吴国国内不乏反对者，因此诸葛亮必定会对来访者保持戒备。作为东道主的吴国人，鲁肃并没有鲁莽而高调地将自己介绍一遍，而是非常谦恭聪明地说道：“我，子瑜友也。”子瑜是诸葛瑾的字，而诸葛瑾正好是诸葛亮的兄长，以这样的方式来介绍自己的身份，无疑拉近了彼此之间的距离，也让诸葛亮更加放心。

其实每个人都应该对自己进行定位，这是处理人际关系的一个前提。而定位中最重要的就是角色定位，即人们在社会群体中所扮演的角色是什么。如果认真地进行分析，我们就会发现每一个人都会扮演多种不同的角色：在家里可能是父亲或者母亲，又或者是子女；在工作里可能是下属们的顶头上司，又或是老总的下属；在团队中可能是负责人，是管理者和支配者；在朋友圈中可能经常扮演联络人和协调者的角色。可以说在不同的环境中，人们经常需要切换不同的角色。这种切换的目的并不是掩饰，而是确保自己和整个群体之间的关系更为和谐，是推动群体和团队的发展。如果角色出现了混乱，那么整个群体内的和谐氛围也就容易被打破。因此，人们想要维持自己和群体成员之间的和谐关系，就需要明确自己的定位，并且坚守自己的角色。

一般情况下，人们的错误定位源于自己在不同生活层次和空间中的切换，源于自己对各个不同角色之间界限的模糊。很多人在客户面前，在上司面前都表现出同样一种状态，并且经常以这种状态面对家人，这样就会导致角色转换出现混乱，引起人际关系的紧张。所以，任何一个人都必须明确自己在不同群体和不同生活区间中的角色。

除了这种定位上的混淆，还有一些常见的定位错误和个性有关，人们需要避免陷入一些常见的错误定位中。

第一，要避免成为“牺牲者”。“牺牲者”缺乏独立意识，总是试图依靠他人来逃避责任。在谈话中也是一样，没有主见，没有固定的立场，不敢表达自己的真实想法，一切都在迎合他人，并且常常充满无助感和罪恶感。“牺牲者”看上去具备配合意识，但实际上在沟通中和他人之间缺乏默契。当不同的人提出不同的观点时，他们可能就会陷入无所依附的困惑之中，也不知道如何进行协调，最终常常因为卷入纷争而难以全身而退。

第二，要避免变成“追捕者”。这种人总是在强调他人的不是，遇事只会推卸责任，贬低他人存在的价值。他们就像错误追捕者一样，总是在别人身上追踪错误，而忽略自身的反省和完善。这种人往往会将人际关系搞砸，因为他们会将任何一个问题归结为他人的不配合，或者他人的失误，最终导致双方之间的矛盾加深。

第三，要避免成为“拯救者”。“拯救者”过于狂妄自大，认为自己才是群体中的核心，才是解决问题的不二人选。他们对自己的能力和所扮演的角色缺乏明确的认知，对他人的能力也缺乏了解。遇到事情的时候，他们更喜欢按照主观意愿行事，常常罔顾事实，忽略他人的建议。这类人表面上非常热心，具有奉献精神，实际上将他人排斥在外，并且不愿意与人进行深度交流。

以上几种错误的定位，往往会导致人们在生活和工作中做出低效的沟通，会让其他人感到非常不适，因此需要注意。

二、将他人的内心动机定义为“高贵的”

某汽车公司的几位顾客觉得这家公司收取的费用太高，他们决定赖账，在接受服务之后直接拒绝支付账单，公司不得不派人前来收取欠款。为了打发前来催款的工作人员，这几个顾客都声称公司提供的账单出了差错，他们并没有消费那么多钱。

当公司对账单进行仔细审核之后，并没有发现任何问题，所以问题恐怕出在顾客身上。于是公司派来的收款人员在见面后直接进入主题，他们告诉顾客，公司账目并没有出现任何错误，可能是顾客自己弄错了。毕竟公司对于相关的服务和流程非常精通，绝对要比顾客更加了解。而且这些顾客都在服务之后，在账单上签了字，这就意味着顾客自己是了解服务的项目和过程的，对服务后的账单也是清楚的。

听了收款人员的话之后，几个顾客非常生气，坚决不付账，并且扬言不怕打官司。这样强硬的姿态让公司感到为难，虽然公司有信心打赢这几场官司，但问题在于打官司会损害公司的品牌形象，恐怕很多人在那之后都不敢前来消费。为了避免事情闹得更僵，公司特意邀请内部的谈判专家前去处理这件事。

谈判专家对这几位顾客此前的消费记录进行详细调查，发现这些人并没有什么不良的消费记录，因此，必定是哪一个环节出现了问题，惹得顾客不满。谈判专家见到顾客后，并没有直接谈到自己前来的目的，而是强调公司派他来了解最近所发生的事情，具体是什么事情他本人并不知晓。顾客听到之后直接谈到了催收欠款的事情，而谈判专家也认真地倾听对方谈这件事，甚至耐着性子听完了顾客的抱怨，并且以客观的口吻说道："公司也并非是完全正确的，顾客对车子的使用情况可能比任何人都要更清楚。"

这样一番交谈之后，顾客的怒气消除了不少，态度也缓和了很多。此时谈判专家再接再厉，谈论起了之前发生的一些不愉快："首先，我希望你明白，我也觉得这件事处理不当。我们公司的一名代表曾为你带来了不便，让你觉得不快和恼怒，对这件事，我很抱歉。身为公司的一名代表，我特别在此郑重向你道歉。我在这儿坐了这么久，也听了你这方面的说明，你的公正和耐心给我留下深刻印象。现在由于你既公正又有耐心，我想请求你为我做件事，这件事你可以做得比其他任何人更好，也比其他人懂得更多。这儿有一张你的账单，请你对这张账单做一番估价。我想如果你是我们公司的董事长，你也会这么做。我让你全权决定，你说多少，就算你多少。”

令人惊讶的是，当顾客听到这一番话之后，纷纷主动支付账单。结果，谈判专家在短短半天时间之内就约见了全部的顾客，除了其中一人坚持不支付账单之外，其他人都支付了欠款。更重要的是，由于恰到好处的表达，顾客对公司的印象有所改善，他们之后纷纷在这家公司购买了汽车。

如果认真进行分析，就会发现，我们生活中也会遇到不少这样的状况。当交流双方因为某些问题而产生分歧和对立情绪的时候，最重要的并不是证明谁对谁错，不是指责他人缺乏判断力和理性思维，也不是利用自己的观点强势压制对方，真正善于沟通的人懂得利用谈话技巧来挑起他人高贵的动机。

任何人说话做事都有一个动机，这个动机就是个人行为的推动因素，这个动机的好坏往往决定了相关行为是否合情合理。挑起他人高贵动机的做法实际上就是一种掩饰，它是一种通过主动粉饰他人不当行为来赢得对方好感的心理策略。一些动机不纯的人在沟通中往往会感到心虚和恐惧，而为了掩饰自己的心虚和恐惧，他们就会不断掩饰这种动机来维持自己的道德形象。这个时候，任何咄咄逼人的态势都会让他们产生一种抵抗心理。如果交谈者能够主动粉饰对方的动机，坚信对方这么做是出于某种崇高的目标，或者认为对方会表现出更加高贵的行为，这样就会给对方一个台阶，从而有效缓和彼此的冲突，并引导对方适当做出妥协。

一些高情商的人愿意主动出击，赋予对方一些更加人性化的特质，一些更为高尚的道德情操。比如，认为对方是一个公正无私的人；认为对方是一个助人为乐的人；认为对方是一个心存善意的人；认为对方是一个懂得换位思考的人。所有的动机提升都是为了一个目的，让对方接受引导，从而做出对赞美者有利的行为。人们可以通过赞美他人公正无私，来引导对方抛弃私人情感，按照公正的方式处理问题；人们也可以赞美他人懂得换位思考，愿意体谅他人，那么对方很有可能会做出妥协，保持倾听的姿态，而不是一味反抗。

赋予对方一些优秀的品质，无疑会简化沟通的流程，淡化彼此之间的冲突。而这一策略之所以能够发挥作用，主要原因在于每一个人都不希望自己在社交沟通中的个人形象受到破坏，都不愿意自己以一个不佳的形象示人。尽管他们可能会表现出与这种期待不符的一些行为，但是当外人直接将他们的动机定义为“高贵的”时，他们愿意做出调整，顺应他人的想法做出一些必要的让步。

可以说，高情商的人不仅善于控制好自己的情绪，还善于通过出色的心理策略来引导他人调整和克制情绪。更好地制订和实施这种心理策略，还需要两个前提：第一个就是“不要将他人设定为一个不理性的人”，只有相信对方具有理性，才有信心挑起对方的高贵动机；第二个就是“不要把问题想得太复杂”，简化或者淡化彼此之间的问题，才有助于问题的解决。

三、帮助关系中不存在高低定位

1994年，乔布斯在接受硅谷历史协会的访问时，说了这样一句话："我觉得有件事情非常正确，就是多数人缺少人生经历的原因是他们从来不去求助。"对于很多人来说，求助他人似乎是自我贬值的一种形式，会让自己低人一等，让自己的形象受到威胁。不到万不得已的时候，他们似乎不想求助他人，不想欠下一笔人情债。

但是情商高的人不仅不介意求助于人，还经常主动寻求帮助。对他们来说，求助是一种非常聪明的社交手段，这种聪明不仅仅体现在工作效率的提升，办事风险的降低，更在于对人际关系的巧妙把握。其实，如果对人们的内心进行分析就会发现，人们一方面不希望求助于人，但另一方面又希望通过别人的求助来实现对自我价值的认同。毕竟任何人都希望自己是被人需要的，是被人尊重和喜欢的。因此，当有人求助于自己时，他们往往会表现出更强的自信。

这种矛盾的心理往往就成了高情商的人掌握社交技巧的一个前提，他们会主动求助于人，主动去麻烦对方，通过这种形式来建立更为紧密的社交关系。很多聪明的人非常善于在工作中保持低调的姿态，将自己设定为一个“需要获得帮助的弱者”，而不是展示一个“无所不能”的社交形象。他们不太希望自己因为过于强大而给人造成过多的压迫感，相反地，他们愿意保持低调的做派，通过求助让他人获得更多的存在感和满足感。

比如，有个领导经常会向下属寻求解决问题的方法，要下属给自己一些建议和意见。即便有时候他已经制订了不错的策略，有了不错的想法，也还是会非常谦虚地向下属请教。很多人对此感到不解，认为这个人根本没有必要寻求下属的意见，毕竟他的能力和资历都已经很能说明问题了。

但是他这样做的目的非常简单，就是让下属产生一种被需要的感觉。下属会觉得自己具备不错的能力和价值，并且这些价值受到了领导的重视，这对工作积极性的提升以及上下级关系的拉近有很大帮助。

人与人之间的任何联系都需要在互动中实现，这种互动往往需要照顾到双方的情感和需求。而求助于人能够满足他人被需要的需求，让对方意识到“求我帮忙，证明你还想着我，证明你信任我”，这样的想法无疑会让他们在施以援手时表现得更为积极。在婚姻关系当中往往也是如此，人们需要通过求助的方式来强化彼此之间的感情，确保形成一个相互需要、相互依靠、相互信任的良性关系。

有个企业家在行业内非常有名，而他的妻子却是一个非常普通的家庭主妇。妻子本身只是一个很普通的女人，无论是家庭背景，还是学历和长相都非常普通。这样的婚姻让很多人纷纷吐槽，朋友们都觉得妻子根本配不上这个企业家丈夫，两个人的地位和硬性条件相差太悬殊了。也正是因为如此，妻子在他的客人、合伙人及客户面前，常常显得过于拘谨，似乎总是担心自己会做错什么。

企业家很早就看出了妻子的心事，因此，从一开始就尽量让妻子感受到她在整个家庭和在他工作中存在的价值。为了让妻子更具存在感，他在家里经常会请教妻子一些问题。比如，关于做菜方面的，关于家庭装修方面的，关于衣服的选择和装扮方面的。不仅如此，他还经常将自己工作中遇到的一些问题和困难说给妻子听，看看她对这些有什么想法。有时候他也会将公司生产出来的产品带回家让妻子体验，然后询问她对产品的使用体验。正是因为如此，多年来，夫妻俩一直相敬如宾，感情也非常好。

总而言之，人们应该改变那种以自我为中心的社交态度和社交模式，适当以求助的心态，以谦虚虔诚的姿态去面对他人。这样才能在社交活动中更好地调节和掌控好自己的情绪，也才能够在他人面前树立更好的形象。

在求助他人的时候，有时候可以表现得更自然一些，可以重点突出对方的能力和优势。比如，有个人和同事之间因为存在竞争关系而一直处于尴尬的交流状态，为了打破僵局，主动赢得对方的认同，他直接向对方求助："从竞争的角度来说，我并不希望你继续跑在我的面前，但老实说，我真的离不开你的帮助，在过去很长一段时间内，我一直都在说服自己你并不是不可或缺的。但现在我知道这是一个巨大的错误，因为你就是公司内不可或缺的人才，没人能够取代你。我觉得我应该及时纠正错误，避免一错再错。"

对于求助者来说，他们应该尽量表现得真诚一些，尽量突出对方的优势（选择对方擅长的问题），体现出对方的能力和专业价值（尽量和对方的专业挂钩），这样会起到更好的效果。

四、定位自己的情绪风格

某天傍晚，天色渐渐暗下来，几个人在公交车站等候迟来的公交车。这个时候，有人开始抱怨公交车不准时，抱怨公司老板下班太迟，影响了自己乘坐前一班车次；有人则表示无所谓，公交车早点晚点也没什么关系，他们开心地和朋友聊着天，似乎并不在意公交晚点；有的人面露焦急之色，不断看手表，并且不时伸着脑袋往公交车来的方向看；有的人非常安静地等着，并没有表现出焦急或者愤怒的神色。同样是在等车，为什么每一个人的状态都不一样，每个人的情绪表达都不一样，而造成这些不同的原因究竟是什么呢？

答案就在于情绪风格的不同，不同的情绪风格往往会产生不同的情绪反应。所谓情绪风格是指人们情绪反应的类型、强度和持续时间。神经学家理查德·戴维森与沙伦·贝格利合著有一本书——《大脑的情绪生活》，在书中，作者认为人们对各种生活事件的反应往往存在很大的差异。这些差异的根源就在于不同的大脑活动模式，而不同的大脑活动模式最终也决定了不同的情绪风格。他们在系统研究的基础上，主动将人们的情绪风格划分成六个维度。

——情绪调整

情绪调整指的就是人们在面对一些容易影响情绪或者激发情绪波动的事件时的个人情绪调节能力。比如，一个人在高考时没能考过本科线，这个时候，他是完全陷入悲伤和挫败感中不可自拔，还是重新开始，坚信自己可以在明年获得成功。人们应对生活的能力及态度往往是情绪调整能力的体现，而情绪调整能力则是情绪风格最明显的一个要素。可以说在很多时候，一个人的情绪调整能力、情绪调整方式往往可以决定个人的情绪风格。

——生活态度

情绪调整能力往往和生活态度有关，乐观的人具备强大的调节能力，悲观的人往往缺乏有效的自我调节能力；自信的人往往看重自我调节能力，自卑的人往往轻视自己在情绪调节方面的潜能。可以说，生活态度就是情绪风格中一个最基础的要素，生活态度的不同直接决定了人们会以何种方式来面对自己所遇到的各种事情。

——社交直觉

社交直觉指的是人们观察和感知他人心理状态、情绪状态的能力。一般情况下，人们会在社交中注意观察和感知他人的情绪波动，通过他人的言行举止来了解他人内心最真实的想法和最渴望的需求。那些能够成功运用语言和肢体语言了解他人的人，往往具有社交直觉敏锐的特征。反过来说，那些无法看透他人的人往往表现出社交直觉迟钝的一面。

——自我觉察

自我察觉是情绪风格中的一个重要维度。很多时候人们会将注意力放在他人身上，想办法弄清楚他人的情绪状态，了解他人的情绪风格。却容易忽略对自己的了解，很多人也许从未真正了解过自己，也从未敏锐地感知自己内心情绪的变化，从未明确地给自己的情绪进行定位。自我察觉能力敏锐的人，一般情况下会了解自己的情绪，给自己的情绪一个精准定位，避免出现情绪失控的情况。

——情境敏感

情境敏感一般是指人们对不同社交场合下的交往习惯、社交规则、社交文化进行区分的能力。区分能力强的人往往不会做出一些不符合情境的事情，他们善于把握沟通的情景，然后制定最合理的语言表达和行动规则，他们会想办法打造一个更和谐的沟通氛围。而那些区分能力不强的人则恰恰相反，他们经常忽略情境做出一些让人感到不适的行为，经常会因为个人不得体的言行举止而引发他人的不悦，甚至产生纠纷和冲突。

——专注力

专注力是指人们排除情绪干扰因素的能力。专注力很强的人能够集中精神做事，集中精神来观照自身，同时找出那些引起情绪波动的不良因素，他们会及时排除这些干扰。而注意力分散的人通常不能够很好地了解自身的情绪变化，也不知道引起情绪波动的因素。

一个人的情绪风格一般从这六个维度划分，不同维度的成分比例不同，个人的情绪风格也就不同。有的人具有强烈的自我察觉能力，却缺乏社交直觉。这样的人能够控制好自己，但常常忽略对他人的理解；有的人具有良好的生活态度，但情境敏感度很低，这样的人同样容易因为说错话而造成人际关系的紧张。

在定位自己的情绪风格之后，人们就可以想办法对自己的情绪进行分析，看看自己是否需要做出调整，让自己更好地适应沟通环境，在社交中表现出更好的状态，或者说让自己的情绪风格更容易被人接受。

现代脑成像技术已经证明，情绪是大脑皮质和边缘系统中可以度量的一种生物活动。也就是说，情绪风格本质上就是大脑所具备的联系、回路、结构上或功能上的关系以及神经化学机制等机能的产物。也可以说，每一种情绪维度，实际上都对应一种特定的大脑活动模式。而大脑活动模式是可以变化的，因此情绪风格也是可以改变的。

那么在定位自己的情绪风格之后，如何才能更好地进行调整呢？

最简单的做法就是采取“认知行为疗法”。人们可以对自己身上出现的一些负面情绪或者说以负面情绪为主的情绪风格进行反思，确保自己能够认识到这些错误的情绪和思维。比如，人们可以直接面对这些容易引发负面情绪的事情，慢慢提升自己的抗压能力和适应能力，从而保证自己在面对同样的事情时，可以抑制负面情绪的波动。

冥想或者禅修也是不错的方法，人们需要让自己摆脱相关突发事件的困扰，进入一种入定状态来窥探自己所面对的事情，以及这些事情所引发的负面情绪。不要对相关事件和情绪进行任何评论，只是单纯地关注，不施加任何力量去改变它们原本的形态。

此外，改变环境也可以对个人的情绪风格产生影响。好的生活环境无疑更有助于培养积极的情绪，而一些糟糕的生活环境，无疑会对个人的心态产生消极影响。所以，如果人们打算让自己的积极情绪更多一些，那么有必要选择一个和睦的充满人情味的环境。对那些原本就不想做出任何改变的人来说，保持环境的稳定也会确保个人情绪风格的稳定。

但没有任何一种情绪风格是理想的，也没有一个所谓的最标准的情绪风格。就像很多时候，人们需要具备强大的自我察觉能力，可是一旦过度执着于此，人们将会陷入“制造麻烦”的痛苦之中。人们会因为过度在乎自己而丧失自我挣脱、自我约束的能力，一旦人们意识到某些细微的变化，情绪就会跟着波动，并且难以克服。因此，人们没有必要非得让自己具备某一种类型的情绪风格，只不过每一个人都需要明确自己的情绪定位，了解自己的情绪风格和类型。

五、定位自己的社交模式

情绪表达和控制往往和社交活动的模式有关，尤其是当人们试图引导他人的情绪，或者引导他人和自己建立更好的社交关系时，就需要想办法建立一些亲密的联系。任何社交都会涉及三种基本关系，即共同经历、价值取向及利益关系。

所谓共同经历，是指社交的双方是否拥有共同生活或者共同工作的经历，这是双方能够建立起亲密关系（主要是指一个生活圈和工作圈中的人际关系）的一个原因。这一类人可能是亲人、发小、朋友、同学、同事、合租者。由于经常在一起，他们之间有着更多的话题，有着更为紧密的联系，而且彼此之间也相互了解。这样的人在交往中，往往有着更多的共同点，也容易拉近彼此之间的感情。

所以，当人们想要赢得他人的认同时，需要看看双方是否具有共同的经历，这种共同经历可以快速拉近彼此之间的关系。比如，很多人在寻求合作的时候，会寻找和自己一起共事的同事或者朋友，依靠这一层关系，双方之间的交流会愉快很多。

比如，复星集团的董事长郭广昌早年创业时，就找到了梁信军、汪群斌、范伟、谈剑，这四个人和郭广昌是复旦大学的同学。其中，复星集团董事长郭广昌毕业于复旦大学哲学系；副董事长梁信军毕业于复旦大学遗传学系；CEO汪群斌也来自复旦大学遗传学系；联席总裁范伟毕业于复旦大学遗传工程学系；监事会主席谈剑毕业于复旦大学计算机系。这几个人有着共同的学习经历，从感情上来说容易接近，而郭广昌就是依靠这一关系建立起了创业的基石团队，并在之后很快获得了成功。

一个高情商的人绝对不会忽略这种社会关系，他们会巧妙地利用这层社会关系来提升沟通的效率。

所谓价值取向是指人们在社交中会强调价值观上的相近或者相同，或者说，人们会表现出共同的价值观来寻求一致，因为共同的价值取向往往可以带来更多的情感共鸣和思想共鸣。在社交中，相同的价值观无疑能够加深双方的交流，加强对彼此的好感。

1983年，苹果公司的创始人乔布斯准备邀请时任百事可乐公司的总裁约翰·斯卡利来公司担任CEO。不过约翰·斯卡利在百事公司干得非常愉快，根本没有想过跳槽，也没有想过要去苹果公司，很多人都对乔布斯的想法产生质疑，认为乔布斯可能是异想天开，但乔布斯并没有因为这些而退缩。尽管那个时候，苹果公司已经依靠新型电脑Apple Lisa获得了世界的关注，但约翰·斯卡利也从未表示过想要和乔布斯一起工作。果不其然，对于外界的一些传言，约翰·斯卡利非常抗拒，他明确表示从没想过要去苹果公司，这话无疑给乔布斯泼了一盆冷水。

但乔布斯并没有就此生气，也没有放弃自己的想法，他亲自去拜访约翰·斯卡利。在见面后，乔布斯并没有明确强调苹果公司一定比百事公司要好，也没有强调自己会支付更高的薪水。他直接问了约翰·斯卡利一个问题："你是想卖一辈子糖水，还是想和我一起改变世界？"

这样的提问让约翰·斯卡利意识到自己和乔布斯是一样的人。两个人都立志做一番大事，都想要通过自己的力量来改变人们的生活方式，来提升自己对整个世界的影响力。因此，他很快被乔布斯的豪言壮语说动了。

利益关系是社交生活中最常见也最重要的一个因素。一般情况下，人们更愿意谈论现实利益来吸引他人，愿意通过利益满足的方式来强化自己观点的影响力。由于每个人都有趋利倾向，因此，在交谈中适当运用利益法则，适当满足他人的利益需求，可以让整个谈话事半功倍。

英国科学家法拉第在发现电磁感应的时候，遇到了一个困难，那就是研发资金不够。考虑到这个发现将会改变世界的运作模式，他一直都想尽办法筹集资金，可是企业家们并不觉得法拉第的发现有什么价值，他们拒绝提供资助。

迫不得已，法拉第带着助手拜访首相，希望获得更多的研发资金。见面后，助手谈到了这项发明，解释了电磁感应在社会科学上的重要作用，谈到了它对物理科学发展的推动，对人类生活的改变。但首相根本不为所动，他对电磁感应一窍不通，也没有兴趣去了解这些东西，所以直接拒绝了助手的请求。

这个时候，法拉第开口了：“我想我助手说得很明白，科学可以带来发明，发明可以改变人们的生活

> 方式，渐渐地人们就离不开这个发明。到时候，我想您可以用它收税。”当首相听到该发明可以创造更多的税收时，便对这个项目产生了兴趣。思考几分钟之后，他同意给两人的研究拨款。

在人际关系中，许多人都害怕被人拒绝，担心自己的话无人欣赏和关注。许多人甚至会因此而心生怨怒，抱怨他人轻视自己的诚意。但实际上，很多在沟通中的失败，并不是因为自己的想法不够成熟，也不是因为对方对自己有成见，而是因为沟通者往往没有弄清楚彼此之间关系的定位。比如，郭广昌如果在创业时一直强调利益和物质上的分配，那么可能不会说动其他人；如果法拉第一直试图和首相套近乎，或者强调彼此之间的共同价值观——为了科学的发展，恐怕会继续被首相冷落；同样地，如果乔布斯试图以共同的经历来说服约翰·斯卡利，或者以经济利益来引诱对方，恐怕换来的只有对方的白眼。一个高情商的人善于把握好人际关系的定位，抓住他人的需求，把握彼此之间的一些连接点，这才是他们能够更为巧妙地说服他人的关键。

第七章
警惕以爱为名的情绪勒索

情商高，就是把情绪控制好

一、不要意图控制他人，哪怕自己是正确的

心理学家苏珊·佛沃在《情绪勒索》一书中提到了一个非常新颖的心理学概念——“情绪勒索”。当人们无法为自己的负面情绪负责时，往往会威逼利诱他人顺从自己的意愿行事，这种交际模式就是情绪勒索。勒索者会利用双方的社会关系，通过一些不当的情绪表现和刻意扭曲，无端放大对方的罪恶感，从而在情感上约束对方必须接受自己的想法和威胁。从本质上来说，情绪勒索就是试图控制他人的一种不当方式。

在现实生活中，人们常常会受到他人的控制，或者说总有一些人想要控制别人。而且这些人往往是以爱的名义、以关心的名义、以朋友的名义来进行施压，要求他人必须听从自己的劝告，必须按照自己的想法行事，必须迎合自己的需求。他们会利用彼此之间的关系和一些具有攻击性和威胁性的情绪

表达来达到自己的目的，从而让对方陷入情感和道德的双重困境中。

可以说，从童年开始，人们就会遭遇这种情绪勒索。父母长辈往往会以他们的生活经验、思维模式和价值标准来要求子女必须服从相关的要求。“你必须用功读书，必须练习钢琴，必须克制自己的欲望”“你必须听我的吩咐，这样做才是对的”“我吃的盐比你吃的饭还要多，听我的没错，你的想法是不对的”“我不可能会骗你的，你应该听我的”“我把这辈子能给你的都给你了，就希望你在这条道路上走下去，你怎么能这样呢”……父母不断为孩子做出选择，不断将自己的思维模式和生活经验强加到孩子身上，无形中对孩子的生活造成了不利影响。

即便作为成人，人们也会受到他人的控制。比如，当孩子到了可以喝酒的年龄，父母可能会大谈喝酒的坏处，但他们自己也许已经有了几十年的酒瘾。当孩子到了可以考驾照的年纪，父母又会站出来说开车危险，会阻止孩子过早拿到驾照，劝说孩子不要轻易开车。同样地，在工作之后，老板也会采取同样的态度对待下属，“你的想法是完全错误的，我希望你能拥有一个好的业绩，但你这样做和这个目标完全背道而驰”“我一直都对你期待甚高，因此，我需要提醒你，当前所做的事情有多么愚蠢。如果你擅作主张，那么我何必花费心思培养你”。在友情和爱情方面，人们承受的压力同样很多，许多人会要求他们做出改变，作为融入群体生活的条件，“如果你不做出妥协，别人凭什么相信你，凭什么接纳你”“如果你今天还不放弃这份工作，我们就分手”……这些形形色色的问题背后，本质上就是争夺控制权。

争夺控制权成了很多人对他人进行情绪勒索的一个重要原因。人们为了提升自己的地位，强化自己在群体中的表现和影响力，常常会寄希望于说服他人、控制他人。他们觉得只有让别人听从自己的想法，按照自己的意愿行事，自己才能真正获得认同，展示出强大的个人魅力和影响力。但一段良性的社会关系，往往需要依靠彼此之间的相互包容、相互尊重和相互认同来维持，控制他人并不是一个明智的举动，也不是一个好的彰显个性或个人魅力的方法。

微软公司的创始人比尔·盖茨在青少年时期非常叛逆，根本不理会父母亲的劝告和教导。而盖茨的母亲是一个非常严格的人，对待三个子女的教育更是不遗余力。和其他美国家庭教育孩子的方式不同，盖茨的母亲是一个典型的“虎妈”，对子女会提出各种要求。比如，让他们参加各种运动，学习各种乐器，平时孩子们必须穿着得体，言行举止要体现出一个中产阶级家庭孩子应有的修养。

母亲的强势教育让几个孩子都很听话，孩子们也听从了母亲的安排。但比尔·盖茨到了十一岁的时候，自我意识突然膨胀，开始变得非常叛逆，这让父母亲非常头疼。他将房间弄得乱糟糟，经常若无其事地啃手指甲，不按时就餐，在餐桌上大声说话。母亲常常为此大动干戈，要求盖茨必须听话，但是叛逆的盖茨并没有照做，双方之间经常会爆发激烈的争吵。

有一次，盖茨因为不堪母亲的说教而大声顶嘴，两个人直接爆发了激烈的冲突。盖茨冲着母亲大喊大叫，还说了一大堆非常粗鲁的话，这些话让母亲感到生气和挫败。父亲实在听不下去了，于是拿起手中的一杯冷水泼到盖茨脸上，争吵才宣告结束。

父母不明白为什么之前还非常听话懂事的孩子，突然之间会变成这样，于是带着盖茨去看心理医生。这个时候盖茨说出了自己的心声，他只是不想被父母亲牢牢控制住，他希望有自己的生活和选择。而大吵大闹，刻意搞破坏就成了反抗父母控制的一种方式。当心理医生劝说父母亲要放松对孩子的控制，并给予孩子更多的成长空间时，父母亲意识到了自己的错误，在那之后再也没有控制过盖茨。而正因为如此，盖茨的创造力获得了最大程度的释放，最终成了世界上最著名的企业家之一。

实际上，如果人们希望自己能够影响到他人，那么需要采取一些更加合理的方式，使用一些高情商的方式来进行引导。如果对人际关系的本质进行分析，就会明白人与人之间的交流更需要互相尊重和互相信任。考虑到人与人之间的不同，一个人影响另一个人的思想和行为，绝对不是依靠强制力和控制力，而需要依赖互信。换句话说，只有赢得他人的信任，才有机会真正去说服他人。那么如何才能赢得他人的信任呢？最简单的方式就是尊重他人的想法和理念，让他人对自己的生活负责，对自己的决定负责。而不要总是想着去干涉他人，代替他人做出决定，不要想着进行各种道德绑架和情感勒索。

二、巧妙化解情绪勒索

许多时候，人们习惯了利用他人的内疚心理做文章。通常的说法是“过去很长一段时间，我都在支持你，而你的做法无疑让我伤心”，言下之意，“我所有的痛苦都是因为你的不当行为造成的”。他们认为只要向对方展示自己的痛苦，那么对方就会为此感到内疚，并通过及时的行为调整，来迎合自己的需求。“你不好好学习，对得起父母吗？”“你这样做，可是完全辜负了我的一片苦心。”这一类情绪勒索的话往往会让人感到困扰。

商家在这一方面非常老道，他们善于把握消费者的内疚心理，激发消费者的内疚感和责任感。比如，新加坡的一家儿童保险文案里有这样一句广告词：“每天一杯星巴克的钱，为孩子买个守护”。这个广告明确强调了一点：大人与其花钱喝咖啡，还不如将这笔钱用来购买儿童保险。咖啡并不是生活中的必需品，对生活并没有太大的意义，而儿童保险对孩子的健康有很大帮助。两相对比之下，人们可能会因为内疚及责任感而购买儿童保险。

很多产品和品牌在宣传广告中会涉及公益事业，“消费者每购买一件产品，就将为公益事业贡献一分钱”，这样的广告语层出不穷。其目的就是将消费者的购买行为与社会道德品质捆绑在一起，而不仅仅是激起消费者的责任心。相比父母对子女的教育，商家的这一策略更为隐晦，尽管没有过于明显的情绪表现，但从某种意义上来说，也属于情感勒索的一种方式。

情绪勒索涉及三个内容：恐惧、义务和罪恶感。恐惧是指受害者担心自己如果不顺从对方的意愿行事，将会遭受到进一步的惩罚，或者说可能会遭到对方的排斥。这个时候他们就容易产生恐惧感，而这种恐惧心理是他们最终做出妥协，接受情绪勒索的原因。

第二个是义务。在恐惧心理的作用下，受害者往往会认为自己有义务服从指令，去迎合他人的需求。而进行勒索的人也会反复强调这一点，将个人的意志与受害者的义务混为一谈，从而强化自身的影响力。

第三个就是罪恶感。一般情况下，被勒索的一方容易产生罪恶感，他们会认为是自己惹得他人不高兴，是自己将所有的事情搞砸了，是自己无法给所有人一个满意的结果，因此，他们最终可能会委屈自己接受勒索。

这些心理会让受害者处于一种沮丧的、内疚的状态，而这种状态无疑会影响他们对情绪勒索的自发反抗。不仅如此，通常情况下，如果一个人被勒索，那么他应该能够感觉得到这一点，并且会意识到勒索自己的人是一个对自己有敌意，或者对自己的处境毫不关心的人。但是情绪勒索所展示出来的情感和角色关系非常复杂，在很多时候，并不是那些所谓的“坏人”和“敌人”会进行勒索，反而是一些非常重要和亲近的人会进行勒索，他们才是施加压力的一方。

而无论是情绪勒索还是情感勒索，都会对个人的情感和情绪表达产生负面的影响。近年来，有很多人对情绪勒索之类的行为进行了严厉的批评，比如，在子女教育方面，许多教育学专家和心理导师都在强调平等沟通的重要性。简单来说就是，父母在谈话之前应该奠定一个平等交流的基调，注意避免将自己的付出当成一种要挟的手段。父母可以强调自己对孩子的期望，谈论孩子目前遭遇的困境，并且表示愿意帮助他们改善当前的情况。而不是一上来就告诫孩子“如果不能按照要求去做，就是对父母之爱的伤害”。

在广告中，人们更是痛恨这一类道德捆绑、情感捆绑的行为。毕竟对于购买者和消费者来说，他们有权决定自己是否应该消费，自己应该购买什么。盲目地给消费者增加道德负担，有时候会适得其反，产生负面的影响。

而对受害者来说，一旦意识到自己正被他人勒索，就不能采取委曲求全的方式迁就他人。只要意识到自己没有犯错，那么就要保持理性的、独立的姿态。比如，受害者可以先想办法保持暂停姿态，延迟做出回应。这样做可以有效缓和双方的情绪，尤其是缓和自己的愤怒情绪，确保自己不会情感用事，做出一些冲动的行为。在保持暂停的时候，遭受情绪勒索的受害者可以多问自己一些问题，让自己不断冷静下来，利用理性思维来控制自己的情绪，避免被对方的情绪影响。

不仅如此，受害者需要用心体会自己在受到伤害时的感受，将这种感受牢牢记住，然后离开现场，尽可能在双方之间建立起情绪界线。这些情绪界线可以有效隔绝相互之间的纷争，隔绝愤怒和报复性的情绪。有时候勒索者会显得咄咄逼人，受害者必须在双方情绪稳定下来的时候做出回应，这样也给予了勒索者一些时间。等到勒索者意识到双方的情绪界线，可能就会主动做出改变，调整对受害者的沟通方式和相处模式。

受害者应该明确地对那些习惯了对他人进行情绪勒索的人进行提醒，或者直接警告。他们需要直接告诉对方以爱的名义对他人进行情绪勒索，不仅不能够让自己变得更独特、更重要，还会引起他人的反感。这样的警告会在一定程度上打压和抑制他人的勒索行为，并且表现出来的反抗态度也会让对方重新审视自己的不当行为。

三、避免光环效应的影响

《自控力》的作者凯利·麦格尼格尔曾说过，一个人在自我放纵的时候，如果放纵的东西或者事项和品德高尚的元素一起出现，那么这些高尚的元素就会成为个人放纵行为的动机，而具有光环效应。按照麦格尼格尔的说法，一个人平时喜欢发脾气，常常会让人觉得很尴尬、很厌恶。可如果一个人打着为社会公理发声的口号，那么就可以名正言顺地对那些品行不端的人大发脾气。

情绪的失控和选择往往和这一类社会文化有一定的关联，比如，语言和暴力之间就存在很多不为大多数人所知的联系。科罗拉多大学心理学教授O.J.哈维重点研究了这一课题。为了弄清楚彼此之间的关联性，他特意从许多国家的文学作品中随机节选了一些篇章，并对涉及道德评判的相关词语的使用频率进行精确统计。结果发现，人们对涉及道德评判词汇的使用次数越多，暴力事件出现的次数也就越多。

O.J.哈维发现这和人们的思维定式息息相关。比如，很多人在看人的时候习惯性地给别人贴上“好人”或者“坏人”的标签，将“坏人”当成打击的对象。在他们看来，坏人需要接受惩罚，这一点在电视和电影中表现得最明显。很多人都喜欢看超级英雄的电影，喜欢看超级英雄最后暴打反派的场景，喜欢看主人公惩治坏人或者杀死坏人的画面。对观众来说，暴力打压坏人是正义之举，因此，这个时候他们的情绪最为激动，而且最容易产生仇视心理和报复心理。电视节目和电影也乐于将这些剧情设定为高潮，确保能够吸引观众的注意。

这一类暴力思维和情绪失控的现象，往往体现了人们的价值需求。而价值判断会成为道德判断中的重要一环，甚至直接替代道德判断，这个时候文化就会影响人们的判断和行为表现。这种现象在生活中也很常见，而且容易滋生一些不法行为。比如，一些人为了纠正他人的错误行为，可能会扛着道德的旗帜做一些法律不允许的事情。

有个人在公共场合吸烟，结果被其他人扇了几个耳光；有个人因为出国定居而被一群爱国人士攻击为“叛徒”；还有一些人因为看不惯乞丐当街行骗而将对方打成重伤。这些行为的背后实际上是一种畸形的、扭曲的价值观，这是一种不道德的行为。施暴者会借助道德、价值观上的光环来遮掩自己拙劣和丑陋的行径，会借助光环为自己的情绪发作做掩护。

吕先生是一家公司的副总，2009年的时候，公司中的某个部门主管被爆出轨，以致影响了工作状态。吕先生站出来指责对方缺乏最基本的道德和伦理，并且连续三天都在公司里通报这个主管的错误。不仅如此，他直接在全体职工大会上斥责对方是“人渣”，是一个没有任何责任心的社会败类，他还将对方的工作表现描述得一无是处。

在一通指责之后，吕先生的行为很快引起了公司总部的关注，董事会成员通过决议，直接开除了吕先生。他们认为吕先生身为高层领导，不应该对员工的生活进行过多干涉，也不应该大张旗鼓地对员工进行批判，这样的表现显然不符合一个副总的身份，也不符合公司的宗旨。

那些试图借助光环来胡乱发脾气的人，往往会因为这种拙劣的表现遭到他人的反感。批评和指正他人身上的错误无可厚非，但是，如果因为他人处于舆论和道德的不利位置，就直接动用精神暴力，或者直接对对方进行不合情理的打压，往往就超出了正常惩戒的范畴，也超出了惩戒者的权力范畴。

那些看不惯并且想要批评犯错者的人，首先应该明确自己的责任和义务，看看自己是否有权利对对方进行指责和批评。这种权利往往和双方的关系及自身的社会地位相关。比如，对那些损坏公物的人，人人都有权利提出批评，都有权利监督和约束他人的不当行为。对犯了错误的下级，上级也可以利用自身的职责和权力进行警告和惩罚，但是，对一些超出自己权限范围的事情，则要注意克制自己的行为。

其次，要注意克制自己的情绪，不要将惩罚作为唯一手段。在他人犯错的时候，应该先使用一些和缓的方式引导对方做出改变，为对方指引正确的方向，使对方产生正确的认知。而不要动不动就施加压力，或者采取一些激进的惩罚方式，甚至采取暴力威胁。克制自己的情绪，然后以平和的心态去面对犯错者，去与对方沟通，这是抑制冲突爆发，减少个人不当行为的重要方法。

最后要注意批判的力度。简单来说，最好能够就事论事，避免做一些超出常规范围外的举动。凡事要依据对方的犯错程度，对方的情绪表现和态度进行相对应的批判或者惩罚。要知道，批判或者惩罚的目的不是给对方一点儿警告，或者让对方难堪，而是让他们意识到错误，并且尽快改正过来。

那些喜欢打着正义的、道德的旗帜批判他人的人，应该尽快摆脱这些错误的想法，摆脱光环效应对自身情绪的控制。只有用心去感受事物的真实状态，合理评判他人的行为，才能够做出最公平的裁决，才能避免以一种正义的姿态将自己推入暴力的旋涡中。

四、努力提升自己的爱商

心理学家罗伊·马丁纳说过：“如果我们允许宇宙做它自己的工作，我们会成就更多。在这个心智架构里，如果我们经历的处境引发了内在的情绪乱流，我们将立刻知道这和本身正在经历的外在刺激无关，而完全出于内在未解决的问题。借着爱，而不是抗拒或迎击，我们可以转化这些乱流。”

“爱”是一个最具魅力的文化符号，也是社交中最具影响力的一个因素。它可以有效提升人际关系的亲密度，保障人际关系的和谐与稳定，爱的存在往往可以让人们获得更好的交际体验。但人们究竟应该如何去爱他人，如何爱自己，又如何来面对来自外界的爱呢？这实际上涉及一个概念：爱商。

1938年，哈佛大学医学院针对“人怎样才能健康、成功、幸福”这一课题展开了一项调研工作，当时学校的卫生系主任阿列·博克带着自己的调研团队对两组不同社会群体的孩子进行了追踪调查。其中一组是二百六十八名哈佛大二学生，另外一组是四百五十六名波士顿贫民窟男孩。每过两年，调研团队就会联系接受调查的对象，了解他们这段时间内的健康状况与个人成长情况，还有家庭的氛围。

在持续了七十五年之后，这项耗资两千万美金，拥有几万页的调查报告得出了一个重要的结果，那就是生活在充满爱的环境中的人，往往收入更高。其中，与母亲关系密切的人，每年的收入比一般人要高出八万七千美元；与兄弟姐妹关系密切的人，年收入比一般人要高出五万一千美元。研究表明，亲密度越高，个人的成就和工作收入往往越高。人际关系亲密度最高的五十八人，平均年薪二十四万三千美元，而亲密度最低的三十一人，平均年薪为十万两千美元。

这项调研工作后来被称为“格兰特研究”。它揭示的道理非常简单，那就是人们需要培养自己的爱商，因为爱商是决定一个人幸福与成功的重要因素。所谓爱商，实际上是针对智商、情商的说法而来的，主要是指爱的智慧，或者说是个人对待爱与被爱的一种态度，这是人们追求幸福生活的一项重要能力。

爱是人性中的一种本能，也是一项重要的社交技能。爱往往包含了正向的视角和包容的智慧，它体现出一个人对事件、社会及人物的洞察力，体现出个人的主动性及在相处中的协调性，对事态变化的认知指数等多项技能。这些技能或者说元素，一旦在大脑中形成一个比较完整的体系，就形成了爱商。而爱商又会在大脑中形成一个神经回路，引导人们妥善处理好人际关系。

一般情况下，爱商包含着对情境变化的预判和情绪起伏的控制，并且能够形成一套针对情境情绪的安抚机制，确保当事人可以感受到他人的爱、善意和关怀。可以说，爱商很高的人，能够有效地观察和把握他人的情感需求及情绪的波动，给予他人爱的同时也能感受到来自他人的爱。爱商很高的人，往往会给予身边人更多的爱和关怀，也会用心去感受来自他人的爱，主动维护和感恩他人的爱。

爱商的培养往往离不开家庭，而且人们也需要在家庭中充分展示自己的爱商。毕竟家庭是爱商建构中一个非常重要的外在因素，任何家庭成员都要懂得尊老爱幼，给予家人更多的爱和关怀，主动与家人进行更密切的交往和互动，尤其是情感上的交流。而家庭成员之间必须相互包容，允许存在不同的意见和建议，保持交流上的畅通。即便有人犯了错误，也要以包容的心态去面对，不要动不动就进行指责，引导对方认识并改正错误才是最重要的事情。总而言之，人们应该尽量用爱来保持家庭的完整，同时为他人打造一个和谐的氛围。

此外，家庭成员要积极打造家庭仪式感，这是确保大家能够产生“家”的感觉的一个重要方式。仪式可以非常简单，比如，记住所有人的生日，然后为每一个人过生日。和家人一起度过那些重要的日子和时刻，不要轻易缺席家庭成员之间的聚会。当家庭成员能够共同参与一些重要的家庭活动时，就可以营造更好的家庭氛围。股神巴菲特无论多忙，都会在下班回家后同孩子们玩一会儿桥牌，和孩子们一起吃晚餐，尽量让孩子们感受到家庭的温暖，感受到父母浓浓的爱意；比尔·盖茨每隔一段时间都会从工作中抽出时间，陪妻子和孩子出去度假；波音公司董事长、总裁兼首席执行官丹尼斯·米伦伯格几乎每个月都会外出旅行，并且坚持关掉手机，和家人一起度过快乐的时光。

在社会上，人们同样需要锻炼自己的爱商。真诚地对待每一个人，用心去爱那些需要帮助的人，关心那些遭遇磨难的人。人们平时可以参加一些公益活动，去帮助更多的人，努力提升自己的价值。或者和那些富有爱心的人多接触，更多地感受爱的价值和意义，提升自己对社会的关注。除此之外，要认真对待和尊重他人的爱，尊重他人的情感体验，用感恩的心态去面对和回馈那些帮助过自己的人，用心去爱那些爱自己的人，同时将来自他人的爱转化成为帮助其他需要帮助的人的动力。

苹果公司的总裁库克就是一个爱商很高的人，他很少干预下属的工作，即便对方做得不好，他也会耐心引导，采取温和的沟通方式进行深度交流。他平时不会乱发脾气，不会在员工说话时刻意打断谈话，不会在员工犯错时劈头盖脸一顿大骂。而是经常会到基层走动，和员工进行沟通，了解员工的想法和需求。在交流的过程中，他总是保持微笑，保持倾听的姿态。

无论是面对家庭成员还是社会人士，最重要的是保持真心，以充满爱的态度去维系人际关系。同时注重打造一个情感舒适区，即打造一个让彼此感觉到自在、轻松、愉快、舒适的社交模式，确保双方可以充分感受到爱和关怀。在这个模式中，要注意体现出个人对情绪的掌控能力，人们需要表现出良好的情绪以及识别情绪的能力。

除此之外，保持良好的生活习惯和正确的价值观，给自己注入更多的正能量。平时可以学习一些新的技能，保持乐观开朗的心态，全身心地热爱生活和工作，向所有人展示一个积极的心态，一个健康的美好的个人形象，这同样非常重要。

五、了解情绪爆发时的自己

很多人都不知道自己情绪爆发时的状态，不了解那种状态下最真实的自己。但情绪爆发下的个人表现往往才是潜意识中的真实自我，才是一个最原始、最纯粹的自我形象。一般来说，意识中的自我都会是经过各种美化和修饰的，人们需要确保自己以一个更让人欢迎的形象进入社会，让自己获得更好的人脉资源和更好的口碑。因此，他们需要有意识地约束自己的一些不当行为。

而在情绪爆发的情况下，个人内心深处最强烈的渴望，最直观的感受往往会表现出来。这是每个人身上最真实的一部分，也往往是最令人恐惧的。如果不能及时了解这些情绪，了解自己的内心，那么有可能会因为情绪爆发而伤害他人，并最终对自己的形象和人际关系产生消极影响。那么，人们应该如何了解真实的自己呢？

作家张德芬曾经提到了一种排遣负面情绪的方法——照镜子。她这样说道："也许，你已经很久很久没有照镜子认真看看自己了，甚至都已经忘记了自己具体的长相。现在，如果你身边有镜子，站到它面前，你看着镜子里真实的自己，你翘起的头发、皮肤上的纹路、你的眉毛、眼睛、鼻子、嘴巴，还有你的身材，你能盯着自己而不闪躲吗？你能试着对自己说一句：亲爱的，你已经很好了，你已经很努力了，你值得被爱，我爱你。你能说出这句话吗？也许你根本说不出口，或者说一半就卡住，因为在你的内在，你觉得自己不配，觉得自己不值得，觉得自己不够美、不够年轻、不够可爱，不值得被爱。所以看着镜中的自己，你觉得尴尬、做作、不自然。"

按照她的说法，镜子往往能够反映出一个人对自己的真实感觉。当人们通过镜子直面完整的、充满奇迹的自我时，他们更容易看见自己的内在和灵魂，而且也更容易让这种灵魂与外界发生联系，与那些自己想要交往的人产生紧密的联结。镜子往往是人心最真实的反映，一个人不仅可以看到自己的外貌和表情，还可以看到自己内在的想法。尤其是当没有人在身边时，独自看着镜子往往能更好地体会自己的内心。尝试着让自己照镜子，往往可以照出自己内心最恐惧的东西。所以，当人们生气的时候，不妨照一照镜子，当人们每天出门之前，也可以照一照镜子，这样就可以时刻了解自己，观照内心。

有个人因为一些事情和朋友大吵了一架，她觉得朋友完全辜负了自己的一片心意，而且还将自己当成坏人对待，这让她觉得很伤心。回去之后，她正要洗把脸降一降怒气，却刚好在镜子里看到了一张愤怒到扭曲的脸。事实上，她从未想过自己会露出如此恐怖的一面，也从未想过自己会露出这样的表情。这是不是真正的自己呢？那张温和的、有魅力的、年轻的脸庞呢？它究竟跑到哪里去了？

她从未见过这样一个愤怒而恐怖的自己，甚至都不敢相信这就是自己，她不知道这样一个恶魔般的自己会做出什么样的事情来。这样的场景几乎将她吓坏了，她很快就想方设法让自己安静下来，比起朋友的伤害，这种恐怖的情绪才真正让人感到害怕。在这之后，她就一直注意克制自己，每次遇到不开心或者生气的事情时，就会站到镜子面前深呼吸，并且面带微笑地告诫自己“千万不要让那个恶魔跑出来，千万不要让自己被那个恶魔控制”。

由于经常照镜子，她对自己的情绪控制越来越好。在平时的交流中非常注意维护自己的社交形象，也非常注重对他人情绪的观察和疏导，因此有效避免了情绪失控。

那些喜欢对他人进行情绪勒索的人，或许更应该看看自己的行为，看看自己的情绪表现，是不是真的承担着爱的义务，是不是真的一切都是为了他人好。很显然，很多情绪勒索的人并没有意识到对自己行为的过分美化会引起一些自我定位上的错误。在很多时候，情绪勒索者并不是有意去勒索受害者，而是他们自身也卷入他人评价的错觉中，或者会因为社会文化的影响而产生一些光环效应。

照镜子的方法在心理学中应用比较广泛，但多数情况下都是作为对情绪的一种控制方法。一般来说，个人对自己的定位和了解往往来源于外界的评价，当人们觉得某人很英俊时，他就会形成一个“我很英俊”的概念；当人们评价某人非常聪明时，他就会在头脑中形成一种“我很聪明”的固定思维；当外界认为某人的行为是出于爱，那么他就会认定自己的行为是完全正确的。外界的评价并不总是合理的，也不能完全呈现出个人的真实状态，考虑到每个人都会在他人面前呈现出最好的一面，都会对自己进行适当美化，人们认识自己的最佳方式还是依靠自己。

在镜子里看自己时，人们通常更容易直观地了解自己，可以看到自己的情绪状态，看到自己内心的真实想法。而且在照镜子的时候，人们往往更容易集中注意力，认真去感受情绪的变化，感受内心的起伏与需求。

虽然照镜子这种方法具有一定的自省效果，也可以帮助人们看到自己内心的真实状况，但人们也不能过度依赖镜子，对镜子产生过度的迷恋。心理学家认为过度照镜子的人往往具有不自信或者自恋的倾向，他们会本能地认为自己还不错，但是在内心深处又担心自己不够出色，因此会不断通过照镜子来增强信心。而这种行为通常会让人们陷入自我欺骗之中，这样人们就会失去观照自我的机会。而且，人们如果真的想要了解自己，除了自我定位、自我了解、自我感受之外，还是离不开外界的评价。人们需要将自我评价和外界评价综合起来考量，从而对自身有一个客观的、完整的认识。

第八章

成为一个高情商的人

情　商　高，　就　是　把　情　绪　控　制　好

一、主动接触高情商的人

1912年，戴尔·卡耐基在纽约市青年基督协会为一批不怎么会表达的商人学生授课。可是教了几节课之后，他发现学生们并没有任何改变，在面对他人的时候，还是不会说话，经常会把人际关系搞得很尴尬。面对这种情况，卡耐基果断放弃了在课堂进行理论知识的教授，而是直接让学生在课堂上自助交流。大家可以互相谈论生活和工作，谈论彼此的生活乐趣。不仅如此，他还邀请了很多谈话很有水准的人加入进来，这样一来学生们就有了更好的交流和学习的对象，谈话水平也越来越高。

事实上，卡耐基本人就是一个多愁善感的人，几乎一生都被抑郁症困扰。他总是担心自己被雷劈死，担心自己出车祸，担心自己像种子一样被埋在土中，在人际关系上也曾遭遇挫折。上学期间，同学们经常欺负卡耐基，对他恶作剧，而这一切都让卡耐基感到沮丧和恼怒，他曾数次和同学发生冲突。

母亲总是劝他努力学习，用好的成绩来赢得同学的尊重，同时注意在生活中保持乐观，这样就不会给人留下不良的印象了。卡耐基的母亲是一个非常乐观和温和的女人，为人处事很有分寸，也非常受人欢迎。卡耐基在母亲身上学习到了很多为人处事的方法和技巧，而且母亲也鼓励他多和那些善于交流的人接触，鼓励他向那些真正会说话的人学习口才。也正是因为如此，卡耐基长大后在师范学院里向那些参加辩论和演说的人学习，他几乎每天都和那些口才出众的人待在一起，让自己的沟通能力不断提高。尽管他的辩论和演说一开始都以失败告终，但他却在和他人的接触中让自己的心智更加成熟，让自己的社交能力提升了一个层次，这也为他后来成为成功学导师奠定了基础。

社交圈对个人的影响力非常大。科学研究表明，如果一个人的家人、朋友或者同事都是高情商的人，那么这个人往往也会提升自己的社交水平，有很大机会成为一个高情商的人。反过来说，如果周围的人都冲动行事，想到什么就说什么，想到什么就做什么，那么这个人在言行举止上也容易受到影响。因此，如果人们意识到自己的情绪控制能力和调节能力比较差，那么最好的方式就是找到一个更好的社交对象来引导自己走出困境。

这种引导从形式上来说，主要有两个方面：一方面，人们可以观察对方的言行，了解对方的表达模式和行为模式，了解对方如何处理人际关系，学习对方如何应对生活中的困难和危机，又如何控制和调节自己的情绪。通过长时间的观察和接触，人们可以从中获得更多的经验和方法。

另一方面，当情商低的人和情商高的人在一起时，为了确保沟通上的默契，双方之间必然会想办法保持一致。这对情商低的人而言是一个自我改进的机会，他们会在这种“保持一致”的压力下努力完善自己。可以说，在这种情况下，情商高的人会无形中制造一种巨大的压迫感，迫使情商低的人主动做出调整。

平时多向那些高情商的人请教问题，或者和对方直接展开对话。看看对方如何进行沟通，如何处理好人际关系。同时也要注意观察对方为人处事的方法，特别要关注对方对一些矛盾和分歧的处理方式，近距离体验对方的高情商操作。

不过想要接触那些高情商的人，人们还需要在态度和认知上进行调整。美国演说家查尔斯·R·格鲁内尔曾经提出了一个“自我形象受威胁论”的观点。在他看来，很多不会说话的人到最后往往害怕交流，甚至会出现社交恐惧症。按照格鲁内的说法，人们常常都存在社会的、理性的、性别的、职业的各种自我形象。这些形象通常会被自己保护起来，而当人们不得不将其暴露在陌生人面前，暴露在和自己风格不同的人面前时，就会担心自己的形象受到破坏。对那些情商低而经常将事情搞砸的人来说，他们往往会对社交产生恐惧心理。正因为如此，人们需要改变自己的认知模式，抑制“自我形象受威胁”的消极看法，更多地接触他人，在日常生活中学习对方为人处事的方法。

在与高情商的人接触时，人们应该适当保持社交的主动性。对很多人来说，被动接收信息是一种更为安全的社交模式，因为当自己保持被动状态时，他们完全可以不用耗费精力去想“我应该先说点儿什么来打破僵局”，也不用去担心自己突然说话会不会让对方感到不适应，会不会显得太过于唐突。为了避免自己在沟通中显得过于拙劣，很多人会保持保守的社交状态，凡事等着对方先挑起话题，等着对方先打招呼，然后有针对性地做出回应。

可是从社交效果来说，经常表现得被动的人可能会被误解为“不想和我说话”“不喜欢和我交流”“对我有什么成见”“想要摆架子”，而那些善于主动交流的人往往具有更强的魅力。因此，人们最好还是保持交流的主动性，通过主动提问、主动考验的方式来观察对方的应对措施，从而更好地学习高情商的沟通技巧。

二、开阔视野是打造高情商的前提

英国前首相撒切尔夫人曾经说过：“请注意你的思想，因为它将变成言辞；请注意你的言辞，因为它将变成行动；请注意你的行动，因为它将变成习惯；请注意你的习惯，因为它将变成性格；请注意你的性格，因为它将决定你的命运。”可以说，个人命运往往和思想水平有关，而一个人的思想往往受囿于自身所处的环境、地位以及所扮演的角色。想要提升思想水平，就要想办法打破环境造成的限制，积极开阔视野，接受更多新鲜的、更具层次感的思想。

高情商的人不会拘泥于现有的环境，不会被生活空间束缚，他们总是能够看到无限的可能性，并为此付出自己的努力。对他们而言，一个人只有视野打开了，胸怀才会开阔，胸怀开阔了，才能更好地处理人际关系。有人说过这样一句话："当一个人从三十楼往下看的时候，他的眼里几乎都是美景。但是当他尝试着从三楼往下看时，眼里看到的可能都是垃圾。"当一个人缺乏高度，视野不够宽阔的时候，他眼中的世界充满了各种问题。而高情商的人会想方设法让自己获得更加宽广的视野，更为丰富的体验。

开拓视野的一个方法就是阅读，书籍往往是人类获得智慧和经验的捷径。通过阅读，人们可以快速掌握更多的知识，这些知识不仅可以成为人们交谈的原材料，还可以提升个人的知识水平和思维水平，这些又可以运用到人际关系的处理中。

比如，很多喜欢读历史的人，说话往往具有比较强的趣味性和吸引力，看问题更加全面和理性；经常读心理学的人，善于察言观色，能够从他人的话语中看出他们内心的想法，也能够了解他人喜欢听什么话，喜欢做什么，从而提升自己说话的针对性；对哲学有所了解的人，在谈话中更加理性，更有内涵，他们可以让人感觉到自己的逻辑性和开放性的思维模式；而那些喜欢看文学作品的人，一般都有很高的素养，有着不错的生活品位，他们浑身上下透露着知性的魅力，可以让人更着迷。无论哪种书籍，都能够丰富人们的见闻，拓展个人的视野，从而提升说话的格局。

作家夏衍曾是一个非常自负的人，有一次有两位历史学家正在谈论某个历史问题，结果夏衍冷不防地插了一句话，谈论了自己对历史问题的看法，结果遭到了历史学家的讥讽。他们认为夏衍什么也不懂，也敢在这里卖弄。听到对方的讽刺后，夏衍非常生气，暗暗下定决心要多看历史书。而在潜心学习历史的过程中，他才意识到自己对历史的认知是多么浅薄，意识到自己的生气行为是多么幼稚。

书籍是人类的精神食粮，也是个人获得成长的阶梯。尤其是在互联网时代，人们更应该多阅读，通过阅读来提升自己的眼界，让自己能够在一个更加理性、更有格局的思维中探索人生。在学习更多的知识后，个人的心智会越来越成熟，就知道什么应该说，什么不能说，应该怎么说，应该避免怎么说，而且会形成一个自觉的情绪控制体系。

除了阅读之外，人们平时多参加一些社交活动，多出去走走，可以增长更多的见识，认识更多的人，学习到更多自己在书本上没有见过的东西，经历一些自己在家庭和学校中未曾经历过的特殊体验。人们在生活中所积累的一切都会成为一笔财富，都会为个人的社交生活提供更丰富的养料。

有个人天生就只有一只手，因此一直觉得自己比不上别人，加上恋爱受挫，就变得更加消极和自卑。经常抱怨命运的不公，认为自己天生就是一条可怜虫。朋友觉得他老是这样自怨自艾，恐怕个人生活会彻底毁掉，于是就建议对方出去走走。

在朋友的鼓舞下，这个人决定四处流浪，也好远离是非之地。在接下来的五年时间里，他游历各地，见到了很多风土人情，看见了很多悲欢离合，也见到了很多其他人苦难的人生。这个时候，他意识到自己所遇到的那些挫折根本算不了什么，也意识到自己所面对的问题根本不算是问题。由于接触到了更多的人和事，他的心态变得更加平和，并且重新找到了生活的乐趣。

心理学家认为，个人情绪的变化和生活经验、生活体验息息相关。很多时候，个人情绪都是建立在生活感受的基础上的。比如，很多人会狭隘地认为生活原本就是这样子的，生活原本就如此逼仄。可是一旦他们体验了更多的生活，接触了更多的人和事，就会在更广阔的天地中形成更丰富、更完善的认识。个人对生活的理解，对困难和挫折的领悟力也会上升到一个新的高度。

需要注意的是，无论是阅读，还是体验生活，拓展见闻的本质都是对个人思想和胸怀的一种拓宽。但这种视野上的扩展离不开个人的觉悟，即对照书本知识和生活的见闻，认识和反省自己，提升自己的觉悟，这才能够更好地让自己获得成长，让自己在情绪掌控方面更加游刃有余。

三、对自己失控的情绪进行复盘

心理学中有一个名词叫“复盘”，所谓复盘就是指在头脑中把自己过去所做的事情重新“过”一遍，对自己过去的思维、行为和情绪表现进行回顾，对一些不好的行为进行反思和探究，然后找到自我改进和完善的方法，确保自己能够获得提升。

复盘并不是简单地对过去的事情进行复制和重演，也不是单纯地对过去的事情进行总结。复盘中最重要的一个环节就是推演，即对事情发展过程中的环节及各个环节中个人的表现进行可能性的分析。简单来说，就是一件事情可以有不同的发展方向，也会出现不同的结果。人们要做的就是对那些会影响结果的关键环节进行分析，看看自己是否可以在这些环节上做出改变和调整，是否可以获得不同的结果。尤其是在一些错误的问题上，人们完全可以通过复盘来寻找产生问题的原因。

在情绪的控制和调节上，人们同样可以通过复盘的方式来完善和提升自我。比如，一个人因为某件事而大发脾气，那么在复盘的时候就需要先将事情的来龙去脉捋清楚。然后找到自己生气的直接原因，看看自己是否能够抑制自己的情绪，是否可以以更好的心态面对这些事情。人们还可以对自己生气时的表现进行回顾，看看自己在哪些方面做得有些过分了，在哪些方面需要改进，看看自己是否可以避免情况变得更加糟糕。

在情绪复盘的过程中，人们可以对事件发展的流程或者关键的节点进行分析和推演。比如，现实中相关事件的发展流程是：A——B——C——D——E，而在推演中，人们需要挖掘其他更加合理的可能性，因此，他们可以推演出：A——F——H——I——J或者A——B——H——I——J，又或者其他的形式。

对任何一个流程和节点的情绪做出调整，都可能会影响事件的最终走向和最终结果。比如，一个商人和客户因为价钱没谈拢而发生争吵，第一次谈判不欢而散。在这之后，商人开始反省自己的行为和情绪，他开始回顾自己的谈判经过，发现从一开始自己提出新的报价时，对方的脸色就不太好，还直接推开了桌上的杯子，表明无法接受这样的合作。此外，接下来自己并没有站在对方的立场上考虑，而是坚持原来的报价，生气地表示自己半点儿也不会让步，最终导致矛盾被激化。商人认为自己如果在报价时倾听一下对方的意思，或者在之后的谈判中不那么坚持，稍微留有一些余地，双方之间的谈判都会温和很多，谈判的空间也会大很多，可能这次交易就会以一个大家都能够接受的价格成交。

整个复盘行为主要针对矛盾冲突点及个人的情绪波动。找到不合理的情绪爆发点和表达方式，确保下一次不会再犯同样的错误，以同样的方式、情绪进行交流。可以说，复盘能够有效地帮助人们找到情绪失控的原因，并且在复盘中做出修正，确保这些破坏情绪的不安定因子可以得到抑制。

那么，想要强化个人的情绪控制，想要抑制一些负面情绪的影响，又该如何进行有效的复盘呢？

第一种是情境重现法，简单来说，就是把事件发展的相关情境尽可能重现出来，然后找出那些影响情绪波动的因素。

这个方法主要包含了三个要素，分别是信息场、思维场、情绪场。信息场主要是指该事件发生时的环境状况。比如，当时有什么人在场，天气怎么样，穿着怎样的衣服，是不是喝了酒，相关人员说了什么话，存在什么样的举动。信息场能够提供一些细节方面的信息，它们是情境重现的基本要素，也是人们了解事件发生和发展经过的元素。

思维场是指当时在场的人及主要的参与者有什么想法，“我是怎么想的”“对方有什么看法”“大家有什么样的共识”“问题发生时，大家的看法是怎样的”，了解自己与他人的想法，能让人们弄清楚究竟是什么在推动事件的发展，同时引出相关人员情绪变化的动机。

情绪场主要是了解在场人员为什么会出现情绪波动。人们可以通过复盘来了解彼此之间的关系，弄清楚当时各自的立场，找到分歧和矛盾出现的原因。对情绪场的复盘有助于人们更好地理解情绪变化的逻辑，找到情绪变化的原因。

情境重现法就是将人们在事件发生、发展过程中的行为呈现出来，更重要的是将信息场、思维场、情绪场呈现出来。人们可以从事件发生的时候起，按照自然发展的流程进行回顾，按照固定的步骤和阶段进行叙述，然后进行适当的推演。

第二种是关键点法。这个方法主要看重推动事件发展的关键因素，然后对这些关键因素进行回顾、重现、思考和推演，推演分为正向和逆向两种方式。

正向的关键点法一般按照事件发展的顺序进行分析和思考，寻找关键点进行思考、推演和复盘。逆向的关键点法则与之相反，它不是按照事件发展顺序进行复盘，而是依据经验，对事件成功所需要满足的条件和关键因素进行确定，然后围绕着这些关键因素进行复盘。

无论是情境重现法还是关键点法，在进行情绪复盘时都要把握三个基本的问题：

“现在怎么样了”：现在产生了什么结果？和预期的结果

有什么差距？有哪些情况是超出预料的？个人的情绪现在又是怎样的？

“当初的决定是怎样做出来的”：这个决定是大家共同做出来的吗？是不是有人进行了独裁管理？其他人的意见和建议有没有获得尊重？自己的想法是不是被忽视了？是不是一时冲动？当时有没有其他更好的选择？

“审视一下思考的前提是什么”：在这件事情上，我的想法是不是正确的？我是不是错误地理解了对方的立场？我的要求是不是有些过分了？这样的决定是否符合现实，是否违背了规律？我的情绪表达是不是不合理？

人们可以通过这三个问题来回顾自己的情绪演变过程，反思自己哪些方面做得不够好，哪些方面过于冲动了。同时弄清楚究竟是哪个环节、哪些因素让自己感到不开心，这些因素真的那么重要，真的值得自己爆发情绪吗？如果再来一次，自己应该如何应对，自己是否还会有同样的表现呢？了解这一切会让自己在自我反省中获得情绪控制的秘诀。

其实，写日记也是复盘的好方法。通过写日记，人们可以将自己的心情及情绪变化写在纸上，然后经常翻阅这些记录，这样可以更好地了解情绪的变化模式。不仅如此，在进行日记形式的情绪复盘时，记录可以帮助人们缓解情绪冲击，恢复内心的平静。

四、学习和掌握冥想的方法

许多人都渴望拥有出色的情绪管理能力。而想要管理情绪，首先就要提升情绪的掌控力，需要了解情绪，有针对性地制订调节的策略。在这个掌控过程中，人们对情绪的了解往往以主观上的感知和分析的形式进行。但除此之外，还可以以一种独立的、客观的方式来体验情绪，体验者可以独立于主观模式之外，以旁观者的身份看待情绪的变化，这种体验模式往往需要依赖冥想来推进。

冥想是一种引导人们进入入定状态，摆脱负面情绪困扰的方法和途径，这是瑜伽中最重要的一项技能。冥想的时候，人们需要选择一个安静的场所，放松身体和大脑，保持坐姿，然后轻轻闭上眼睛，专注于自己的呼吸。等到慢慢进入状态后，开始感知身体的部位，将意念集中在某一身体部位上，体会自己的所有感知。无论是发热、发冷、疼痛、麻木、震动、拍打、轻抚，还是粗暴的、细微的、柔和的、时断时续的，冥想者都需要体会这些感觉。有时候人们的感知能力比较微弱，或者说什么也感知不到，这时候可以想办法去感知皮肤与衣物的摩擦，或者感知皮肤与空气的接触，这些细微的感觉往往可以让人更快地入定。

对那些感知灵敏的人来说，他们要做的就是确保自己在感知一两分钟后及时转移部位，不能留恋太长时间。无论人们的体验是怎样的，人们都要保持平常心来看待，人们要做的就是接受它本来的样子，只需要从旁进行观察，然后及时转移到下一个部位。

需要注意的是，人们在冥想的时候需要对自己所做的事情（情绪表现）保持好奇，没有必要要求自己一定要与这些情绪化思维、情绪发作现象进行对抗。保持一种好奇的心态，能够将人们的行为及冲动表现转化成一种单纯的生活体验，这样就能够摆脱一些不良感受的困扰。从心理学的角度来说，当人们察觉到情绪上的波动和冲动时，可以通过保持好奇心来感受一下“不去做这件事”带来的快感，并且想方设法重复这个冥想过程。

有时候，人们也可以对相关事件进行冥想，人们需要详细思考引发情绪波动的相关事件，并在大脑中进行加工，尽可能生动地描绘当时发生的事情。在描绘的过程中，人们就像一个观察者和报道者一样，而不是那个情绪漩涡的当事人。人们从第三者或者静默者的角度来看待发生的一切，从而有效避免自己被情绪影响。人们可以准确地说出自己的感受，想出一个能够体现痛苦经历的词，将全部的注意力集中在那个词上。

通过冥想，人们可以体验到超越思想和情感的静默，而这种超越使得人们可以更加自如地进行情感控制。

著名的影视巨星阿诺德·施瓦辛格是一位从健美领域跨越到影视业的巨星。作为一名世界级别的健美选手，阿诺德·施瓦辛格的转型非常成功，但也很累，每天都要不停拍戏、揣摩角色。这种高强度的生活方式让他感到恐慌，这和自己当初所想的根本不一样。

由于工作压力很大，他不得不压缩自己的私人空间。好莱坞镁光灯同样会带来很大的关注，娱乐媒体的时刻关注让他感到非常不适应。那段时间，他经常做噩梦，被压力压得喘不过气来，而且和家人的冲突也越来越多，于是萌生了退出的念头。他觉得自己不适合当演员，不适合继续待在好莱坞。

有一次，他遇到了一位冥想大师，大师建议施瓦辛格练习如何进行冥想，通过冥想来摆脱内心的压抑和负面情绪。在那之后，施瓦辛格跟着大师一起练习，每天早晚各花二十分钟进行打坐。一开始，他也像其他的西方人一样，对这一类神秘的东方文化感到不可思议，认为这只是一个忽悠人的把式。可是经过一段时间的练习和适应，他意识到自己的调节能力越来越强，情绪也越来越好，之前的焦虑感逐渐消失。

由于状态越来越好，他主动通过媒体透露了自己练习冥想的事情："通过冥想，不仅让焦虑感消失了，情绪也比之前更稳定，我不再担忧工作太过繁重，不再将成堆的事情看成一个麻烦。直到今天，我仍然从冥想中受益。"

作家安迪·普迪科姆在《简单冥想术：激活你的潜在创造力》一书中谈到了一个特殊的词——"头脑空间"。头脑空间并不依赖情绪的变化而变化，但喜怒哀乐等情绪的变化无疑可以感知到头脑空间的存在，这个空间非常广，几乎能够容纳任何一种情绪。因此，当人们进入冥想状态后，压力就会失去影响力，就像一杯牛奶倒入大海一样，根本不可能产生任何影响。冥想就是为了打造一个"头脑空间"，并借助它来降低负面情绪的杀伤力，确保人们可以以平常心面对生活，面对生活中发生的各种事情。

与此同时，人们可以在观照内心的时候，更加敏锐地了解负面情绪的出现和侵蚀。比如，在很多时候，人们会将注意力放在观察外界、观察他人身上。当矛盾和分歧发生的时候，人们会注意到别人身上出现的一些问题，发现别人身上的错误，看重外界环境带来的消极影响。而这种观察往往忽略了对自己内心的感知，他们不知道矛盾可能就是自己引起的，自己可能就是错误的那一方。通过对内心的修习，人们可以更好地发觉情绪的变动，从而尽早地进行调节。

五、规避浪费精力的事情

许多人都期待能够提升自己的情商，但往往收效甚微。究其原因，很可能不是因为我们没有掌握各种法则和技巧，而是因为在一些不相干或者无足轻重的事情上浪费了精力。高情商往往需要依靠意志力来维持，而生活中的一些不良习惯则会消耗意志力。

关于这一点，最明显的几种情况就是，当人们听到好消息时肾上腺素会快速增加，这个时候人们会充满力量，心情也容易愉悦。反过来说，当不好的事情发生时，人们更容易垂头丧气，感到精疲力竭。如果不好的事情接二连三地发生，人们的能量消耗就会更快，这个时候他们就无法提供更多的能量来维持情绪控制所需的能量了。就像那些在办公室里遭受老板批评且承受了巨大工作压力的人，回到家中后还要面对妻子的唠叨和指责，这样一来，他在情绪控制上必然会失去更多的能量支持。

心理学家认为生活中常常会出现一些消耗行为，而且很多消耗行为并不合理。比如，有的人看到玻璃上有一个黑点，就会想办法去擦拭。如果一直都擦不干净，可能会陷入一种疯狂的状态——非常生气，并且拼命想要擦掉它，直到自己筋疲力尽，甚至不惜打破整块玻璃。玻璃桌子的角比较尖锐，人们可能每天都会担心客人会不会撞到这个桌角，会不会在桌角上磕出一个伤口来，因此每次见到桌子都会产生担忧和恐惧，情绪也会受到很大的影响。但事实上，人们并没有必要和这样一个黑点过不去，没有必要在桌角上保持过多的关注。同样的情况在其他方面也非常常见，找一个不起眼的小东西，整理一份乱糟糟的文件，这些小事情往往会消耗很多精力，降低自我控制的能力。

又比如，很多人会对工作产生倦怠感，那么，为什么人们经常会对工作充满沮丧、厌烦和恐惧心理呢？考虑到每天都有应酬不完的客户和饭局，每天都有各种各样的任务，每天都被各种琐事缠身，人们的情绪不可能保持好的状态。

有个人最近非常忙碌，经常在公司里对着下属发脾气，回家后还会冲着妻子发脾气，结果导致下属见到他就躲开，妻子也和他进行了长达一个月的冷战。面对糟糕的人际关系，他不知道该如何进行挽救。有一天，他向朋友谈及最近的糟糕状况，一肚子的怒火和焦虑。朋友给他提了一个建议："尝试推掉一半的会议，推掉一半的饭局，推掉一半的聚会。"他按照朋友的建议执行了两个月，果然发现自己的情绪好多了，原先一些让自己感到烦恼和生气的事情也能够得到控制，自己与下属、家人的关系也越来越融洽。

人们如果想要提升情商，想要让自己在情绪控制方面掌握更多的主动权，拥有更强的控制能力，那么就要注意保存能量，尽量避免在一些不必要的事情上浪费精力。想要做到这一点，人们需要制定一个切实可靠的审核机制，确保自己所做的事情经过了严格审核与过滤，避免一些无价值的小事情干扰自己。而这个审核机制的形成往往需要建立在长时间的记录与观察的基础上。比如，人们可以对自己日常的行为习惯进行观察和记录，看看自己平时都会做什么，有什么事情是无价值的，这些无意义的行为会对自己的情绪产生什么影响（或者弄清楚自己情绪不佳时，往往是因为什么事）。一般可以以一个月或者两个月为一个记录周期，人们可以对这个周期进行认真回顾和分析，找出一些不良的行为习惯。

比如，经常在贴吧和微博上与人互怼；经常因为一件小事而四处抱怨；经常在玩牌的时候大动肝火；经常因为一毛钱的菜钱和摊贩争得面红耳赤；经常在一些无聊的游戏上耗费时间；经常参加一些无聊虚伪的聚会。人们需要将这些行为和活动总结出来，然后尽量在下一次控制自己的冲动，将其排除到生活之外。

还有一些容易浪费精力的事情，则要有针对性地提供一些解决方案。比如，有些人经常焦急而苦恼地四处找钥匙，为了避免这种情况出现，最好在某个显眼的地方制作一个挂钩，人们可以将钥匙挂在挂钩上。通过一些有效的解决方案，人们可以避免下一次在同样一件事情上消耗太多的能量。

需要注意的是，在打造审核机制时，一定要着重消除一些无意义的社交活动，对那些只会浪费自身精力的朋友，人们应该适当保持距离。在日常生活中，很多人都喜欢做一些无效社交，在他们的社交名单上，永远有一大群相交不深的人。他们可能和他只是有过一面之缘，彼此之间聊过几句话；或者曾在某个活动上进行了互动；他们可能是朋友的朋友、朋友的同学、朋友的亲戚、同学的亲戚、客户的客户。这些人或许以后不会再见面了，面对这些人，人们需要减少交往次数，避免自己将大量精力消耗在这些无意义的社交活动上。因此，人们需要重新拟定社交名单，对社交对象进行合理的过滤和甄选。

六、突破心理舒适区

在现实生活中，人们情绪的爆发往往和个人的行为倾向及思维倾向有很大的关联。人们喜欢什么，喜欢做什么，往往就会在情绪上表现出来。而对那些不喜欢接触的东西，就会通过情绪的波动来进行抗议。

一个刚正不阿的人不喜欢那些经常在背后煽风点火，打小报告的人，因此，当他听到有人在背后造谣或者抨击他人时，会表现出不屑的神情；一个不喜欢吃蔬菜的人，在面对朋友招待的一大堆蔬菜时，往往会面露尴尬；一个想要放假休息却被老板一个电话叫到办公室加班的员工，定然不会有什么好脸色。

人们通常只对自己喜欢做的事情产生兴趣，而对自己不想做或者害怕去做的事情，必定会表现出不良的情绪。这样就容易形成一个心理舒适区，但凡走出心理舒适区的范围，人们都会感到痛苦和不安，这个时候情绪也就自然而然形成了一个舒适区。做自己感兴趣的事情时才会开心，听到自己想听的话时才会心情愉悦，遇到自己喜欢的场景时才表现得轻松自在，这些舒适区会抑制人们提升自我的情绪控制力。

按照心理学家的说法，个人的焦虑或者恐惧心理是一种条件反应。当某人遭遇某一事物或者将进入某一情境并且引发了不适体验，就会形成不愉快的记忆。这个时候他会本能地逃避或者抗拒这类事物或情境，即便只是提到这些东西但并没有在现实中真正感受到威胁，也会引发他的不适，并且越是逃避和不安，个人的情绪控制越差。想要让自己具备更强大的情绪控制和调整能力，最重要的就是想办法打破舒适区，想办法让自己去面对自己不愿意面对的事情，并通过这种方式来提升情绪的抗压力。

管理学家博恩·崔西写过一本名为《吃掉那只青蛙》的书，在书中，他强调了人们应该直面那些不愿意面对的事情："如果你每天早上醒来做的第一件事情是吃掉一只活的青蛙，你就会欣喜地发现，在这一天接下来的时间里，将没有什么比这个更糟糕的事情了。"在博恩·崔西看来，生活不可能以自己希望看见或者自己最习惯也最喜欢的状态出现，总会有一些不那么和谐的因素出现，总会有一些阻碍性和破坏性的力量在干扰人们对生活的美好体验。在面对这些负面的事物时，不要试着去抗拒和逃避，最简单、最直接的方法就是面对并接受这些事情，立即去解决它们。

这种方式虽然比较粗暴，但能够突破个人的心理舒适区，让自己获得一个更加完整的成长空间，也能够让自己的情绪控制获得锻炼和提升的机会。这种方法就是“暴露法”，它是指让人们主动去面对自己担心和恐惧的事情，或者主动面对那些容易引发心理不适及不当行为的状况。通过最直接的刺激来强化人们对情绪的克制，直到焦虑、恐惧等负面情绪可以得到控制。

所以，心理学家建议人们直面制造恐惧和焦虑的事物，去感受和体验更多的外来冲击，让情绪在一个不适应的环境中形成一个稳定的、成熟的释放方式。

有个刚入职的年轻人在父亲的要求下进入家族企业上班，最开始的工作是业务员。年轻人对自己的工作安排没什么意见，但他非常讨厌自己的上司，认为他是一个没有什么能力，却喜欢到处骂人且夸夸其谈的人。尤其是考虑到这个上司只有高中文化水平，和自己的硕士学位相比，简直是天壤之别。正因为如此，年轻人每次在开会的时候都喜欢提出一些反对意见，每次和上司聊天都表现得漫不经心，他甚至请求父亲将自己调到其他部门去，因为他不想面对一个自以为是的“白痴”。

父亲故意忽略了他的请求，只是建议他再多待一段时间，尽管父亲也承认这个上司根本没有什么太大的能力，但任何人都有自己的价值所在。父亲的刻意忽视，让他感到非常不悦，但既然进入公司，就没有任何选择的余地了。由于每天都要和顶头上司一起工作，年轻人不得不经常和对方接触，而随着时间的推移，他也渐渐习惯了对方身上的那些缺点，也习惯了对方那一套说话的方式。毕竟他可不想一整天，一整年都绷着脸面对对方，所以也在尝试着接受这一切。几个月之后，由于朝夕相处，他渐渐适应了对方的脾气，也适应了这种工作氛围。这时，父亲告诉他说：“现在，我可以放心地让你去跑业务了。”

这时，年轻人才明白父亲的良苦用心，原来父亲深知儿子的暴躁情绪和刚烈的个性。他要做的就是磨平儿子情绪上过于尖锐的棱角，让儿子在相对压抑的环境下培养和锻炼情绪的自控力。

面对自己不想面对的事情，将自己暴露在感到恐惧的情境中，这就是“暴露法”的一个基本形态，其目的就是让自己在不断的刺激中获得自我抑制、自我调整的能力。而在使用这种方式锻炼自己的时候，一般需要遵循几个基本的步骤。

第一步就是要列举出自己不喜欢但不得不经常面对的事情。任何人都有自己害怕面对的东西，他们不想浪费时间和能量在这些事情上，也不想让自己处于一个不舒服的环境中。而列出这些害怕面对的东西，是人们解决问题的第一步。

列出那些不想面对的事情后，人们需要对这些事情进行排列，看看哪些是自己感到不适的，哪些是自己不愿面对的，哪些是自己害怕面对的，哪些是自己非常排斥和恐惧的。依据情绪波动幅度的大小来进行排列，然后有针对性地逐一进行调整和适应。一开始最好选择那些不想面对但排斥感很小的东西，这样就可以降低情绪的波动幅度，当人们适应之后，可以增加难度，面对那些更加不想面对的东西。

当人们逐步调整和适应之后，还需要转换自己的想法。尽量将这些害怕面对的事情当成一种挑战，这种挑战的想法往往能够产生强大的推动力，确保人们努力去做出改变。而且相比于其他方式，这种想法能更加有效地突破个人的心理舒适区，并且不会产生过多的负面影响。

人们完全可以按照这几个步骤来锻炼自己的适应力和抗压力，只要能够找到合理的方式和步骤，那么人们可以在不适应的环境下形成更为强大的情绪控制力。

后记

情绪调节的正反作用机制

情商高，就是把情绪控制好

每个人都有情绪，但情商低的人往往容易陷入情绪之中而不自知，或者说自知而不能摆脱情绪的影响。而高情商的人往往可以通过出色的情绪调节能力化解情绪上的失控问题，他们能够以平常心面对自己发生的事，看待自己的情绪波动。

事实上，人的心理具有自动调节能力。当某种心理活动出现时，往往会出现另外一种与之相抗衡的心理活动，两者会相互对抗、相互融合。比如，当某人遇到一些让自己恐惧的事情时，往往会出现另外一种心理告诉自己“不用害怕，一切问题都会得到合理解决的”。这些心理活动的出现，目的是适当缓解和压制恐惧的情绪。在重病患者身上，这类心理对抗经常出现，很多患者会担心自己无法痊愈，一面又安慰自己说“一切都会好起来的”，这同样是对个人恐慌情绪的一种引导和克制。

情况也有可能完全相反。人们在遇到某件事时，认为自己可以轻松解决问题，但另外一个声音可能会站出来唱反调，担心问题会变得很严重，超出控制范围。患者在身患重病时，可能会对未来的治疗抱有很大的期望，但一方面又担心自己可能病入膏肓，无药可救。两种不同的心理活动是相反的，类似于作用力与反作用力的关系。人们在困境中愿意保留一些希望，或者说在事情越来越好的时候，担心自己会遭遇意外。这些心理上的对抗，会对个人情绪波动产生很大的影响。

过度担心负面情绪的困扰，往往会降低个人的调节能力，导致自己被负面情绪摧毁信心。但是过度强调自己要克制负面情绪，往往也会陷入挣扎状态。心理学家对情绪曾经打过一个比方：人们想摆脱负面情绪就像骡子想要摆脱木桩一样。当骡子发现自己被木桩困住之后，渴望摆脱木桩，因此会一直绕着木桩转，希望找到出路，但越是紧张，越是着急，反而越绕越紧，最终动弹不得。

很多人试图通过自己的意志力直接压制负面情绪，而这样的做法会消耗大量意志力和能量。当能量消耗过度之后，人们的意志力就会变得薄弱，这个时候，其他想法就很容易冲破意志力的束缚并占据大脑和身体的主导位置。

在1958年4月，著名作家阿加莎创作的戏剧《捕鼠器》在当时创下了演出二千二百三十九场的纪录。为了庆祝这个成就，制作人决定在一家大酒店大摆庆功宴，而作家阿加莎也受邀出席庆功宴。但当阿加莎兴高采烈地进入酒店之后，却被宴会厅大门的侍者拦下，侍者并不认识阿加莎，反而认为她是一个闯入宴会的不速之客。阿加莎一再强调自己收到了邀请，但她坚持以往一贯的低调表现，始终没有说出自己就是《捕鼠器》的作者，也没有告诉对方自己在圈内的影响力。她努力说服自己大胆表露身份，甚至想过站出来训斥对方，但越是这样想，自己反而越是感到害怕。

到了最后，侍者没有放她进去，阿加莎只能无奈地离开。回到家中，阿加莎陷入了“狼狈”“恐惧”和“羞怯”之中，内心的情绪波动久久难以平复下来。事后，她承认自己犯了一个错误，这件事给自己的挫败感非常大。而究其原因，就在于她始终没有从自我调节的正反作用中挣脱。阿加莎事后也认为，如果不主动给自己施加压力，不去想那么多，也许她可以轻易说出自己的名字，顺利参加庆功宴。

在自我调整的过程中，人们经常会被两种截然不同的想法困扰，人们的一言一行都会受到这些不同想法的影响。而当人们执着于某一种想法时，就越容易受到与之相反的另一种想法的困扰和束缚。而摆脱这种困扰的关键就是淡化对相关事件的分析，淡化自己的情绪表达，以平常心来看待情绪。

情绪本身是一个中性的概念，没有对错之分。因此，人们在关注自身情绪的时候，必须保持一个理性的认识，不能将情绪当成一件坏事，不能千篇一律地打压或者压抑自己的情绪。人们应该保持理性与克制，以平常心来面对情绪。

心理学中有一个“ACT疗法（Acceptance and Commitment Therapy）”，即“接受和委托疗法”。这种疗法的核心观点是：消极的想法与情绪会贯穿整个人生，它们几乎随时随地都会产生。而想要挑战它们，不如顺其自然，尝试着接受它们的存在，让自己更平淡地对待它们。

在接受治疗的时候，ACT治疗师往往不会直接去改变患者的不合理想法和负面情绪，而是鼓励对方去感受那种情绪。无论是悲伤、愤怒还是恐惧，患者都要真诚地面对，不带评判性地观察个体情绪的波动。治疗师有时候会要求患者大声说出自己的感受和情绪，要求他们反复说出自己的内心想法，从而释放内心的压力。

在整个过程中，患者需要接受情绪、直面情绪、体验情绪、认同情绪。接受情绪的时候，人们需要不断提醒自己“这只是生活中很平常的一部分”“谁都有可能发火，谁都会有一些小脾气，这并不值得恐慌”。当人们认识到情绪只是每个人身上都会出现的一种正常现象时，人们就有可能会以平常心接受情绪的产生。

直面情绪是指当情绪爆发或者负面情绪出现时，不要采取回避的态度，更不要主动去压制它们。越是努力逃避或压制，情绪的反弹力越大，个人越容易陷入情绪的泥沼中。因此，当人们遇到悲伤的事情时，可以去尽情发泄和哭泣，没有必要强忍着，否则只会让悲伤在体内越积越多。直面情绪，然后寻找到正常的、合理的发泄渠道，这才是摆脱情绪控制的关键。

体验情绪是指人们在情绪发生之后，需要直接去感受自己的情绪，感受它在身体里的作用点。人们可以将情绪锁定在身体的某一个部位上，头、手或者胸口，然后去体验这份感觉究竟是什么，有多么强烈，给自己的身体造成了什么样的影响。即便人们无法平息情绪波动，但人们应该去感谢自己身体的感知力。正如心理学家所说："应该感谢自己的身体是一具如此完美的机器，它警告你的身体系统里有这么一个能量的阻塞点。"

认同情绪是整个ACT治疗的最终状态，认同情绪是在人们接受情绪的基础上，更进一步地识别自己的情绪，并容忍自身的情绪发作。人们一般都会确定自己的情绪，并认为这种情绪的产生是有一定原因的，他们会找出原因，以便及时摆脱负面情绪的困扰。比如，某个人早上突然被自己最好的朋友大骂了一顿，这让他非常伤心，这个时候，如果他无法认同自己的情绪（伤心和生气），那么就会提醒自己："我真的非常傻，竟然为了这样的人生气和伤心，我根本不值得这样做。"这种想法无疑会降低他对朋友的好感，然后双方之间就此会形成严重的隔阂。而如果他能够认同自己的伤心和生气表现，就会觉得自己被好朋友伤害肯定会伤心和难过，但重要的是为什么朋友会骂自己，他会想办法弄清楚究竟发生了什么，双方之间是不是存在什么误会。

如果进行分析就会发现，整个ACT疗法的核心就是设法淡化情绪的影响力，或者说，将情绪当成生活中再正常不过的事情来对待，并正面去面对和理解情绪，找出情绪激发的原因。这样就可以逐步降低情绪对大脑的影响和控制，从而有效提升个人的自控力。

所以，如果人们真的打算让自己成为一个能够自主控制情绪的高情商的人，那么最重要的就是淡化情绪。只有将其当成平常的东西对待，降低对情绪的关注，情绪才无法兴起更大的风浪。而这也是本书的一个重要观点，可以说，书中虽然谈论了多种情绪控制的技巧，但是最核心的一点就是淡看情绪的影响力，这才是高情商的一个至高境界。